姜昆提醒您

一定要预防

老年人跌倒

郭宗浩　主编

群言出版社
QUNYAN PRESS
·北京·

图书在版编目（ＣＩＰ）数据

姜昆提醒您：一定要预防老年人跌倒 / 郭宗浩
编著. -- 北京 ：群言出版社，2021.4
ISBN 978-7-5193-0648-9

Ⅰ．①姜… Ⅱ．①郭… Ⅲ．①老年人－安全－通俗读
物 Ⅳ．①X956-49

中国版本图书馆CIP数据核字(2021)第033261号

责任编辑：谭伟
图书制作：方糖图书工作室

出版发行：群言出版社
地　　址：北京市东城区东厂胡同北巷1号（100006）
网　　址：www.qypublish.com（官网书城）
电子信箱：qunyancbs@126.com
联系电话：010-65267783　65263836
经　　销：全国新华书店

印　　刷：昌黎县佳印印刷有限责任公司
版　　次：2021年4月第1版
开　　本：787mm×1092mm　1/16
印　　张：8
字　　数：40千字
书　　号：ISBN 978-7-5193-0648-9
定　　价：43.00元

编委会

感谢单位

中国文学艺术基金会姜昆公益基金、老艺术家基金、中国老龄事业发展基金会百善爱心基金、中国妇女发展基金会、民盟中央宣传部、民盟中央社会服务工作委员会、中国教育发展战略学会安全教育专委会、中国灾害防御协会、北京基督教青年会、北京市海淀区爱德敬老院

祝天下老年人健康长寿

人老行动须谨慎

防心摔倒重於天

辛丑夏月胡振民书

原中国文联党组书记 胡振民

预防中老年人意外摔倒，对中老年人、对家庭、对社会都是很重要的。平安健康是中老年人的福气，是家庭的幸福，也是社会的安宁。

民盟中央副主席、中国文联副主席　张平

尊老敬老是中华民族的传统美德，爱老助老是全社会的共同责任。本书采用图文并茂的形式，深入浅出，通俗易懂，内容贴近现实，针对性强，体现了积极老龄化、健康老年人的理念，启示我们传承孝道要从小事做起，关心老人要从细节抓起，是一本值得推荐、可读性强的好书。

夕阳无限好，人间重晚晴；人人都敬老，社会更美好。

祝广大老年朋友精神愉快，生活幸福，健康长寿！

中国老龄事业发展基金会理事长　于建伟

老年朋友要特别注意预防跌倒，同时呼吁中年人、儿童、残障人士、孕妇也要预防意外摔伤！

国家心血管病中心中国医学科学院阜外医院心律失常中心主任
张澍

老人们千万注意，不要摔跤。

著名电影表演艺术家　秦怡

老年朋友好，咱们都八九十岁了，一定要预防摔倒。

著名女高音歌唱家　郭淑珍

远离意外跌倒，常享幸福生活。

著名电影表演艺术家　田华

老年朋友外出时，一定要带上家人的联系方式，以防突发情况时热心人能联系上您的家人。

著名男高音歌唱艺术家　李光曦

没用的东西一定要扔掉，避免绊倒我们。

著名歌唱艺术家　张目

老年朋友们，岁数大了，起身、坐卧、行走时都要慢些，这样才不易发生意外。让咱们一起长享平安快乐的生活。

著名曲艺表演艺术家、中华曲艺学会顾问　赵连甲

中老年人一定要掌握各种预防摔倒的知识。

著名电影表演艺术家　谢芳

上了年纪的朋友，不要登高取物，以免从凳子椅子上摔下来。

著名特型演员　王铁成

走路时一定集中精力，避免分神绊倒。

著名央视主持人　陈铎

老年朋友们，远离意外摔倒，咱们自己不受累也不拖累孩子们。

国家一级导演　李前宽

平常注意适度的锻炼，锻炼时要注意安全，小心摔倒。

中国人民解放军总政歌剧团著名歌唱家　杨洪基

老年朋友们，吃完药以后会影响身体的协调能力，一定要当心！

著名电影表演艺术家　肖桂云

中老年朋友们尽量不去黑暗的房间、过道，不走夜路，远离跌倒。

著名影视表演艺术家　王馥荔

帮助老人预防摔倒，就是帮助未来的自己。

著名影视表演艺术家　唐国强

老年朋友们大家好！平时一定要预防摔倒，远离隐患！

解放军军乐团女高音歌唱家，国家一级演员　韩芝萍

高龄老人千万不要弯腰捡地上的东西，特别容易摔倒，一定要当心！

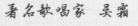

著名歌唱家　吴霜

前言　关爱老人就是关爱未来的自己

　　截至 2021 年，中国老龄人口已超过 2.5 亿人，让老年人平安快乐地生活不仅是关乎每个老人的问题，更是关乎每个家庭甚至全社会的问题。为弘扬敬老爱老文化，让更多老人及家人拥有长久的幸福生活，中国文学艺术基金会姜昆艺术公益基金在中国老龄事业发展基金会、中国五老工程组委会有关基金等支持下，启动了预防老人意外跌倒项目。项目将通过文艺、图书、电视节目、视频以及培训等多种形式，向每个家庭、每位老人介绍预防跌倒的知识，帮助老年人远离意外跌倒，帮助每个家庭远离不应该发生的悲剧。

　　《姜昆提醒您，一定要预防老年人跌倒》由多位医疗专家参与，全方面地提醒大家哪些情况容易跌倒，如何预防跌倒，及跌倒后的自救与急救。书中还将提醒中年人、儿童、孕妇、残障人士等也要预防跌倒。

　　关爱老人就是关爱未来的自己，关爱他人就是关心我们的亲人，大家一起来让爱心传递。

张平

目录 CONTENTS

Part 01
小心身边的跌倒风险

Part 02
提高你的防跌倒能力

Part 03
急救与适老化改造

小心身边的跌倒风险

跌倒，听起来并不是一件很严重的事情。可是对于中老年人来说，一次跌倒就可能受伤、骨折、致残，甚至致命。据中国疾病监测系统的数据显示，跌倒受伤的概率已经超过很多常见病。另外，心脑血管疾病中的心肌梗死、脑卒中等疾病发作时，亦会伴随晕厥导致跌倒，上述疾病已经成为我国 65 岁以上人群死亡的第一直接原因。

第1章

居家环境里的跌倒风险

家,是人们幸福生活的地方,它应该是温馨、舒适、安全的。可实际上看似美好的居家环境,对老年人来说却是陷阱重重,稍有不慎就会发生跌倒,从而酿成无法挽回的悲痛后果。下面,我们来逐一排查居家环境中存在哪些易导致跌倒的安全隐患。

光线对人们的视觉刺激是非常直接的。太强的光会让老年人感到眩晕,太弱的光又会使老年人看不清物品,而这两种情况也成为导致老年人居家跌倒的高危因素。因此,在安装室内灯具时,照明光线应该强度适中,既不能太亮,又不能太暗,总体感觉清晰柔和为佳。

跌倒提醒

室内照明太强或太暗;室内装饰眼花缭乱。

居家建议

① 室内光线明亮柔和。

② 在开关按钮上贴荧光贴条或者使用外环显示灯,便于老年

人及时找到开关。比如门口、过道、客厅、厨房、卫生间、房间和床头等经常使用的开关按钮。

③ 在走廊、门槛或阶梯处设置感应式照明灯，方便老年人夜间起来行走。

④ 准备小夜灯、手电筒等夜间辅助照明工具。

⑤ 老年人、孕妇、儿童和残障人士在夜间外出活动时，要佩戴夜间运动警示灯，避免被他人不小心撞倒而发生意外。

地　面

地面湿滑、高低不平、地面倾斜，都易引发老年人跌倒。老年人在积水油渍的厨房卫生间或者其他积有液体的地面走过极易滑倒，后果往往十分严重。

跌倒提醒

地面不平整；地面有液体；地板打蜡或使用上光剂。

居家建议

① 保持地面平整，地面使用防滑材质。

② 去除不必要的门槛和台阶，留有台阶的地方，要用明显的颜色区分。

③ 使用地毯、地垫时，用双面胶固定，防止因地毯的滑动引起跌倒。

④ 及时擦拭和清除地面上的水、油渍、粉尘、圆球形物体等。

⑤ 电线固定在墙壁、地板的角落，也可以压在地毯下。不要暴露在地面上，以防老人和儿童等经过时被绊倒。

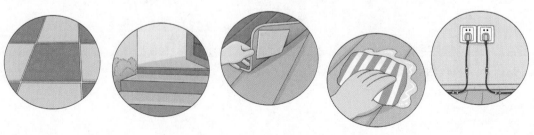

卧室

卧室是老年人长时间休息的地方。如果卧室布置不合理，老年人的跌倒风险就很大，夜间和晨起的时候是最容易跌倒的时段。子女应该替父母考虑周全。独自居住的老年人也应该检查自己的卧室，看是不是有以下这些跌倒风险？如果有，应该尽快进行改善。

跌倒提醒

床太高、床垫太软；照明开关按钮离床较远；床边有杂物；床边摆放太高的柜子，且柜子顶部放置物品；床到卫生间的过道很昏暗。

居家建议

❶ 床的高度以老人坐在床上时，双脚刚好能接触地面为佳。床垫软硬要适中，床垫太软无法着力。

❷ 起床切忌太急，特别是老年人，夜里经常会醒来上厕所，此时起床不要猛地一下子起身并立即走动。最好先坐起来，呆个七八秒钟，再起身徐徐行动。

❸ 不在床周围摆放任何物品，保持床周围的整洁，以免起身走动被绊倒。

④ 在床边安装一个触手可及的照明开关，另外可以购买带有遥控器的灯具。

⑤ 如果老人夜间起来不愿意开灯，可在床到卫生间的过道安装一盏小夜灯，亮度能看清地面即可，以声控灯为佳。

⑥ 体力不佳或者行动不便的老年人，可在床边放一个手杖。

⑦ 常用物品放在高度适宜的地方，老人拿取比较方便。避免使用梯子、凳子登高取物。

小夜灯

床边照明

床周围整洁

手杖

床高低软硬适中

小贴士

腿脚不方便的老人不要怕麻烦子女，有什么自己不方便做的事让子女来做，千万不能逞强。子女平时也应该主动关心父母，多为父母做一些事情。

客厅是老年人每天活动时间最长的地方，如果家具较多且摆设不合理或者物品清理不及时，就很容易导致老年人、儿童和残障人士等跌倒。尤其是一些家庭喜欢玻璃门和玻璃装饰品，而老年人由于视觉减弱，一不小心就会撞上去，更增加了跌倒风险。

跌倒提醒

地毯或地垫容易滑动；使用玻璃等易碎材质的家具或装饰品；沙发太软、太矮；椅子无扶手；电话放的地方较高。

居家建议

① 客厅不要摆放过多家具，不要经常变动家具的位置，客厅环境宜简洁整齐。

② 茶几、柜子、桌子、椅子等家具，避免使用玻璃等易碎材质和带棱角的设计。如果家具有棱角，用保护垫、防撞条处理。

③ 电线走向设置在隐蔽处，避免老人行走时被绊倒。

④ 沙发选用有扶手的，不能太软。沙发高度以老人屈膝90°时双脚可平放地面为佳，沙发旁最好有伸手可及的照明灯具。

⑤ 日常用品放在方便拿取的柜子、抽屉里，避免使用梯子、凳子登高取物或弯腰、下蹲取物。

❻ 电话放在客厅方便使用的地方，老人接电话时不要着急，谨记慢起、慢站、慢走。

❼ 在客厅的玻璃门上贴明显的标志，以防老人和儿童等撞伤。

❽ 座椅要有扶手和椅背，方便老人起坐时着力。

小贴士

房门内外都不要铺小地毯，因为小地毯本身就是一个安全隐患，如果确实需要地毯，要用双面胶或防滑层固定，防止小地毯滑动。

沙发高低适中，有扶手

茶几无棱角

电话

电线

客厅环境整洁

门 厅

在生活中，门厅的使用率很高，每天有很多活动都要在门厅完成。比如老人外出和回家时穿脱外套、拿钥匙、换鞋，以及平时接送客人和家人，所以门厅的合理化设计也是非常重要的。

跌倒提醒

空间狭小且光线阴暗；鞋柜、衣架摆放杂乱；摆放玻璃材质的换衣镜；堆放杂物。

居家建议

① 门厅的空间要简单、宽敞，光线充足。

② 门厅不摆放多余家具和杂物，保持整洁。

③ 门厅处如果设置鞋柜，鞋柜侧面可粘贴挂钩，用来挂鞋拔子。同时还要放置一个鞋凳或座椅，供老年人使用。

④ 鞋凳旁安装"L"形扶手，方便老年人落座和起身时借力。

⑤ 门厅处最好不要安装换衣镜，如果必须安装镜子，要选择不易碎的材料，避免打碎镜子导致老人和儿童受伤。

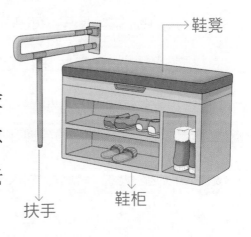

卫浴区

卫浴区是最常出现地面湿滑的地方，也是家居环境中老年人最容易发生摔倒的地方，尤其是两个时间段——洗澡和晚上起夜。因此居家设计卫生间时应该特别用心，不能只为美观，而要多考虑老年人的安全性和实用性。一旦发现地面有水渍、洗浴液和肥皂沫等，要及时清理，保持卫浴区的干燥是预防跌倒的重中之重。

跌倒提醒

只有淋浴器；使用蹲厕；坐便器太高或太低；地面没有铺设防滑橡胶垫；洁具设备过于分散；卫浴区无可以抓握的扶手。

居家建议

❶ 卫浴区使用防滑瓷砖，铺设防滑垫，安装固定扶手。

❷ 有条件可以为老年人安装专用坐便器，高度不低于40厘米，并在旁边安装 L 型扶手，便于老年人起坐时使用。

❸ 老年人洗澡应使用稳定安全的洗澡椅，采用坐姿沐浴，并在适当位置安装扶手。如果老人习惯用浴缸，应在浴缸底部安装防滑垫，浴缸一端加宽设置坐台，并在侧墙上部适当位置安装水平扶手和 L 型扶手，供老年人在洗浴中转换体位。

❹ 为肢体活动不便的老年人、残障人士等置办特殊洗浴器具，

比如洗澡轮椅、盛水小盆等。

⑤ 浴室内尽量减少杂物，比如椅子、脸盆、篮子等，以免绊倒。

⑥ 洗漱用品放在伸手可及的位置。

⑦ 冬季利用空调或暖气来调节卫浴区的温度和湿度。

⑧ 让老年人使用防滑拖鞋。

⑨ 地面不要有异物，避免跌倒时受伤。

卫浴区空间不能太小，要留有轮椅回转的空间。洗面台不宜太高，下方也要有足够的空间，满足使用轮椅的老年人坐姿洗脸。当老人无法独自沐浴如厕时，家人要及时进行帮助。

另外，孕妇洗澡时注意通风，水温不宜过高，洗澡的时间控制在 10 到 20 分钟，以免因跌倒造成早产或流产等严重后果。

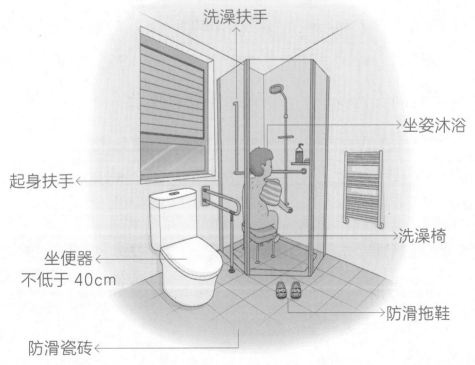

洗澡扶手

坐姿沐浴

起身扶手

坐便器
不低于 40cm

洗澡椅

防滑拖鞋

防滑瓷砖

厨 房

现在很多60岁以上的老人仍然经常下厨房，不仅是独居老人，也包括那些为子女忙碌的老人。老人们洗菜做饭，每天在厨房忙碌很久。而厨房油污、水渍特别多，因此也成为家中最容易发生跌倒的地方之一。

跌倒提醒

空间狭小，照明昏暗模糊；地面湿滑，有油渍、菜叶；使用吊柜；橱柜台面太高或太矮；随意移动垃圾桶。

居家建议

① 保持地面干燥，及时清除水、油渍、菜叶、面粉、奶粉等污物。

② 铺设防滑地砖、防滑垫或者吸水脚垫，能有效预防跌倒。

③ 厨房照明光线充足，切菜区不要有眩光。

④ 常用物品放在触手可及的地方。

⑤ 不要安装吊柜，老年人平衡能力下降，踩凳子取东西时容易摔倒。

⑥ 垃圾桶固定位置，避免老人忘记位置被绊倒。

⑦ 在厨房放一个稳固、宽大，约50厘米高的厨凳，老人做饭累了可以坐下休息一下，起坐方便。

⑧ 选用宽大的洗菜池，洗菜池外缘向上翘起，并控制水龙头水流的流速，避免水和菜汁溅出。

⑨ 如果厨房空间允许，可以留置一个方便的收纳空间，让老人把舍不得丢弃的盒子、塑料袋、瓶瓶罐罐收纳起来。

⑩ 给父母买一台洗碗机，减轻父母的辛劳。比如，姜老师家安装了一款水槽洗碗机，使用体验就很不错。

⑪ 多关心父母，经常提醒父母，如果身体感到不适，马上停止一切家务。

烹饪区和洗菜区可以做成高低差的。比如，妈妈的身高160cm，烹饪区台面高度约70cm，妈妈做饭不用一直耸肩；洗菜区台面高度约90cm，妈妈洗菜洗碗不用一直弯腰。这样给老人们的身体减轻了很多负担。

照明充足← 　　　　　→高处不安装吊柜
　　　　　　　　　　　→调料品放在方便拿取处
垃圾桶固定位置←
防滑垫←
地面干净、干燥← 　　　　　→厨凳

阳台

小小的阳台存在很多跌倒隐患，是老年人、儿童、孕妇和残障人士要非常小心的地方。

跌倒提醒

空间狭小；地面湿滑、有油渍；摆放杂物；使用吊柜等。

居家建议

① 阳台铺设防滑地砖，及时擦干地面的水和尘土。

② 封闭阳台或安装雨棚，下雨天尽量不去阳台，避免因雨水滑倒。

③ 加高阳台栏杆，栏杆高度要高过腰部。

④ 及时整理阳台杂物，不要堆放过于笨重的物品。

⑤ 在阳台安装升降式晾衣杆。

⑥ 不要踩踏阳台上的凳子、花盆、纸箱等不稳固的物体。

⑦ 不要伸手去够阳台外面的东西，以免身体失控摔下楼。

家里有小孩的，看护好小孩并告诉孩子不要在阳台上追逐打闹，也不要在阳台上玩气球、放风筝等，更不能在阳台上探出身体与楼下的小伙伴打招呼，以免失去平衡跌下楼。

楼梯

上下楼梯对于老年人来说，是一件很吃力也很危险的事情。随着年龄增长，人体的平衡力变差，骨质也变得疏松，更容易受伤，因此老年人最好不要居住在高楼层的房子，平时更不要一个人爬楼梯，尤其是不要运动锻炼后或者提重物时爬楼梯。

跌倒提醒

楼梯太陡、台阶太窄；在楼梯上铺设装饰物；楼梯没有扶手或扶手太矮；楼梯口紧邻房门；楼梯有破裂或者台阶不平；扶手有松动损坏。

居家建议

① 安装明亮的楼梯照明灯和容易触及的开关按钮。

② 保证台阶的高度一致，台阶面防滑。

③ 在楼梯和台阶两侧安装牢固的扶手。

④ 在台阶上贴具有夜光功能的醒目标志，也可配备夜灯照明装置。

⑤ 儿童和年轻人在上下楼梯时要主动礼让老人。

门槛

　　小小的门槛不起眼，却极易绊倒老年人和儿童等，引起跌倒事故。每个人每天要多次从门槛上经过，安全隐患极高，因此门槛的改造对预防跌倒也必不可少。

跌倒提醒

门槛与地面颜色相似；门槛太矮；门槛与楼梯、楼道距离较近。

居家建议

① 家中最好不设门槛，消除地面障碍。

② 在门槛上贴醒目的警示带。

③ 用推拉门替代门槛设计。开门时既不会导致身体摆动，也很适合轮椅穿行。

④ 不在门槛旁堆放物品，以免老人进出时被绊倒。

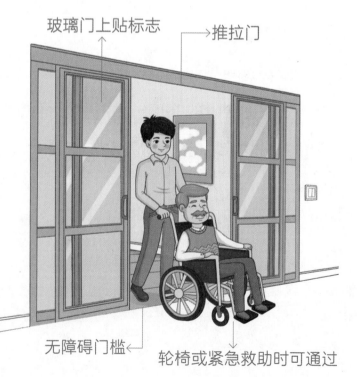

玻璃门上贴标志　→推拉门

无障碍门槛←

轮椅或紧急救助时可通过

楼道

楼道是所有住户的公共空间，一些人将自行车、鞋架、垃圾，甚至废弃的旧家具随意放在门口外的楼道里，会给其他住户造成不便。特别是对于有老人和儿童的家庭来说，很容易磕伤、碰伤，甚至跌倒。

跌倒提醒

楼道里堆放物品、丢弃垃圾；施工时的电线等；拖洗过的楼道水迹未干。

居家建议

❶ 楼道不摆放家中杂物，保证楼道的顺畅通行。

❷ 不要遮挡楼道里的绿色安全标志。

❸ 养成好习惯，不把东西随意放在楼道，提升公共意识。

宠物

现在很多家庭都饲养宠物。宠物躺在过道或者突然出现在老人脚下很可能就成了"绊脚石"。当带着宠物去室外活动时，也可能导致其他老年人、孕妇或儿童跌倒。

跌倒提醒

宠物在家里随便乱走乱跑、随处排泄；宠物在过道休息玩耍；宠物在夜晚与老人或儿童住一个房间；宠物性格活泼，喜欢跳跃。

居家建议

① 选择体形偏小、性格温顺的宠物饲养，训练宠物到指定地方排泄。

② 给宠物戴上宠物铃，随时提醒老人宠物的位置。

③ 不要让宠物在过道玩耍或睡觉。

④ 带宠物出门时，记住不要去公共场所，更不能乘公交车和出租车，以免妨碍他人。

⑤ 遛狗时要用牵引绳拴着，不要让它咬伤或吓到路人。

第2章

出行路上的跌倒风险

近年来,因为视力听力下降、腿脚不便、行动缓慢等原因,引发的老年人出行难题逐步显露。尽管公交线路四通八达,地铁遍布城市下方,网上约车随叫随到……可对于老年人来说,这些似乎并没有给他们的出行带来改善。

街道上车多人多,老年人的肢体协调能力和反应能力都有所下降,这些使他们在面对复杂路面和意外状况时来不及应对。因此,出门在外,老年人提高防范意识和注意周围环境对预防跌倒很重要。

跌倒提醒

道路不平、破损,井盖缺失,有障碍物等;鞋子不合脚;夜间、雨天、雪天、风天出行;牵着宠物散步;缺乏安全意识。

出行建议

❶ 起身后,站立几秒钟,确认身体无不适感再移动。

❷ 选择熟悉的生活环境和更安全便捷的道路。

❸ 鞋子要舒适跟脚,避免穿不舒适的鞋,老年人出行可适当

借助辅助工具，比如拐杖。

④ 走路时注意力集中，留心地面上的杂物。

⑤ 不去人多车多的地方。

⑥ 下雨、下雪、大风天或地上积水、结冰时尽量不要出门。

⑦ 从亮处走到暗处或者从暗处走到亮处时要慢走，等眼睛适应光线再走动。

⑧ 行走时避免快站快蹲，应慢蹲慢起。如果出现头晕、胸闷等症状，要立即停下脚步，可抱住路边的树木或到路边安全的地方休息一会儿，等症状好转再行走；如果症状没有好转，要及时向他人求助。

⑨ 知晓交通规则，提高安全意识。

⑩ 远离路上无牵引的宠物或玩耍的小孩。

家里有宠物的，平时一定要看管好宠物。带宠物出门务必要拴好牵引绳，尤其是活泼好动或者体型较大的狗。并记住千万不能让孩子拉牵引绳，一旦狗挣脱牵引绳，极可能引发意外伤害事故。

✗ 无人牵狗
老人没有发现狗或来不及躲避

公交车在行驶途中，由于起步或行驶速度过快而急刹车的原因，经常有老年人发生摔倒、跌倒事故，导致身体受伤、脑震荡、休克甚至骨折。

跌倒提醒

公交站前人群拥挤；路面不平或者有台阶；公交车上下台阶过高；老年人着急上公交车。

出行建议

① 不在上下班高峰时乘坐公交。

② 老年人乘坐公交时最好带一根拐杖，增加自己的支撑力。

③ 等车时不要一直坐着或站着，在原地慢慢活动一下关节。

④ 公交车进站后，不要着急上车，避免拥挤。

⑤ 公交车到站后，待车停稳再起身下车。

有时候，老年人看到公交车进站会着急追赶，很容易跌倒在地。还有的老年人上公交车时身边的人十分拥挤，此时不妨等一等，为了自己的安全着想，让其他人先上。上车后如果需要座位坐可以请售票员等帮助找座位。老年人体力不支，行动不灵活，乘坐公交车时要多加小心。

铁 路 交 通

逢年过节，探亲访友，闲暇时间，外出游玩，老年人们有时会选择乘坐火车、高铁出行。坐火车、高铁是非常累人的，特别是对于一些身体不太好的老人来说更加劳累，出行前一定提前到医疗机构进行身体检查，确认身体没有问题再买票出行。另外，火车站人流密集，人员流动性大，极易发生跌倒事故。

跌倒提醒

行李太多，走路太急；取票、进站、上车时拥挤的乘客；候车室地面过于光滑；厕所地面有水；火车与站台之间有空隙；老年人在摇晃的车厢内没有辅助工具行走。

出行建议

① 老年人坐火车、高铁最好选择软卧或坐票，不买站票。

② 避开节假日火车出行的高峰期。

③ 老年人大多都有一些慢性病，坐车前将日常服用的药品携带在身上，感觉身体不舒服的时候服用。

④ 不要携带过多的行李，最好只带上随身的药品、食物、水等。

⑤ 老年人过安检拿放行李时，起身后应该待站稳再行走，千万不要着急。

⑥ 独自乘坐火车的老人，一定要随身携带手机，方便与家人联系。

⑦ 上下车谨记，走慢不走快，远离周围拥挤的乘客，可以跟在人群后面，最后上车或下车，以免被碰倒。

⑧ 上下火车时，小心车厢与站台之间的空隙，以免踏空。

⑨ 车身剧烈晃动时，老年人不要起身走动。

⑩ 睡在中铺或上铺的乘客，不要探出身体取东西，以免坠落摔伤。

车厢上的厕所空间较小，地面湿滑，再加上车身晃动，老年人在上厕所时一定要抓住旁边的物体做支撑。老年人尽量穿防滑鞋，以免由于脚底打滑或车身晃动而引起跌倒。另外，70岁以上老年人，不建议单独乘坐火车、高铁出行，最好有家人朋友陪同，安全第一。

火车行驶中
无辅助工具
无抓握支撑物

飞 机

对于健康欠佳的老年人来说，乘飞机出行不是一件轻松的事。

大多数老年人患有心脑血管等老年病，因此乘飞机前需要去医院进行咨询和检查，以确认身体状态是否合适乘机。在飞行过程中，随着重力、大气压的变化很可能会引发其他的身体病症。

跌倒提醒

登飞机的舷梯台阶太高；起飞降落时没有系安全带；遇到强烈气流；机舱和座位空间比较狭小。

出行建议

① 老年人乘飞机最好有家人陪同，且不要带太多太重的行李。

② 购买飞机票，尽量选择机型较大的飞机。大型飞机在航行中噪音小，遇上气流也不会太颠簸。

③ 过安检时慢放慢走。

④ 登机的舷梯一般较高，台阶较多，上下舷梯时要握住扶手，踩稳慢走，不要着急分神。

⑤ 当出现呼吸困难、头痛、咳嗽、心脏不舒服等症状时，可拉下头上的氧气罩套上，同时，也可将症状告诉空乘人员寻求帮助。

⑥ 飞行中睡觉也要系上安全带，以免遇到气流不稳时被颠伤

腰椎或者甩坐到地面而受伤。

另外，以下七类人最好不要乘坐飞机出行：

（1）心血管疾病患者，特别是心功能不全、心肌缺氧、心肌梗塞的病人；（2）患有高血压、糖尿病、冠心病、脑血管病的人；（3）呼吸系统疾病患者，比如肺气肿、肺心病；（4）严重贫血的病人；（5）身体患病，未经医生诊疗而乘机赴异地治疗；（6）年老体弱以及时差反应过强者/的人；（7）怀孕36周以上的孕妇。

25

下雨后空气清新，于是很多老年人会选择在雨后出去散步或运动。实际上，雨后的跌倒隐患比平日更多，尤其是在公园、广场等地方，老年人一不小心就容易摔跤。

跌倒提醒

湿滑的地面、石板路、草地和青苔；雨鞋不防滑；无助行器；走小路或斜坡。

出行建议

① 穿防滑鞋。购买质量过关的鞋，鞋底要随时清理，一旦磨平老化要及时更换。

② 结伴出行。老年人雨天出门尽量有个伴，并带好雨具、身份证明，记住家人的联系电话等。

③ 选择长度合适、顶部面积较大的单头拐杖辅助行走。走路不稳的老年人，最好选择四头拐杖，可以更有效地增强稳定性，减少跌倒风险。

④ 选择熟悉且路况平坦的人行道和路段。

⑤ 行走时放慢速度，保持步态平稳。

⑥ 与机动车、非机动车保持一定距离，防止车辆侧滑。

⑦ 避开湿滑或有积水的大理石路面。如果去公园晨练要注意避开光滑或者有青苔的路面。

⑧ 不要走斜坡，尽量走台阶。

⑨ 不去人多拥挤的地方。

⑩ 下雨天或下雪天不要单独外出乘车。

如果在雨天出行，谨记走大路不走小路。大路的保洁工作到位，路面干净整洁，而且大路排水系统较好，不易有积水坑洼。小路保洁较差，路面不平整，下雨容易积水，易造成老人滑倒。

另外，大路上行人较多，跌倒后更能及时得到救治和帮助。

冬季天冷路滑，是老年人跌倒的高峰期。摔伤、拉伤、扭伤被称为"冬季三伤"，特别是下雪后路面结冰，"三伤"患者明显增加。再加上老年人穿得较厚行动不便，帽子围巾使得视野受阻，不能及时观察路况，这些都增加了老人冬季外出跌倒的风险。

跌倒提醒

路面积雪未清扫；地面结冰；老人视力听力被帽子围巾遮住，影响行走判断；无辅助出行工具。

出行建议

① 下过雪的路，走路速度要比平时更缓慢。

② 穿防滑鞋或运动鞋，切勿穿硬塑料底的鞋。

③ 下雪天不提重物，双手不要揣在兜里。

④ 带一根拐杖做助行器，保持身体平衡。

⑤ 老人、孕妇尽量减少在雨雪天外出。

⑥ 老人冬季出门时，一定要有家人陪护。

老年人在寒冷的天气出门时，最好先在家里做做热身活动，等肌肉热起来不僵硬了再出门，可以预防跌倒、骨折。

秋季落叶较多，尤其是在大风或大雨后，小区里、公园里、街道上，到处都铺满了树叶。这时候，老年人外出就要小心了，光滑的落叶可能让你一不小心就跌倒。

跌倒提醒

没有清扫落叶的路面；刮大风的天气。

出行建议

❶ 选择熟悉的道路，不走落叶覆盖的地方。以防落叶下面有坑洼、井盖导致扭伤、绊倒。

❷ 秋季不去植物园、森林公园等落叶多的地方游玩。

❸ 不在高大的树木下休息或活动，以防枯枝掉下砸中身体受伤跌倒。

❹ 冬季伴随低温和雨雪天气，踩到落叶容易打滑，出门行走要缓慢，最好带助行器。

除了老年人，孕妇、儿童和残障人士等也要小心地面的树叶，千万不可大意。走路要走清扫过的路面，不走草地、树丛、小路等捷径，孕妇出行最好有人陪同，儿童在小区玩耍时不要随处乱跑，以免发生意外。

人 群 聚 集

在日常生活中有许多地方人群密集，比如：商场、超市、广场、公园、景区、电梯、室内通道以及狭窄的街道，超载的车辆、火车、飞机、轮船上，电影院、饭店、棋牌室、运动场等，都属于人群聚集的地方。一旦身处其中，由于空间有限，极易发生拥挤踩踏事故，尤其是老人、妇女和儿童，属于弱势群体，在混乱的人群中，由于个子矮、力气小、腿脚不方便、跑动不及时，很容易被撞倒，受到伤害。

跌倒提醒

行动受限，老人无法自由地前后移动或向两侧行走；老人身

老年人下车不着急
有困难寻求帮助
年轻人要敬老爱老

体不时地被旁人碰到，甚至被推搡；人群中有打闹者、情绪亢奋者；老人在人群中感到呼吸困难。

出行建议

① 保持警惕，不要被好奇心理驱使，走进人多的地方。

② 看见打折促销商品，保持冷静，不要跑去争抢，不要为了省点钱付出惨重的代价。

③ 参加大型集会时穿舒适的平底防滑鞋。

④ 当身不由己陷入混乱人群中，要远离店铺和柜台的玻璃，并尽量"溜边儿"走。

⑤ 在人群中可一只手握紧另一只手腕，双肘撑开，平放于胸前，身体微微向前弯腰，形成一定的空间，以免拥挤时造成窒息晕倒。

⑥ 逢年过节外出，可与老友结伴而行，或者让家人陪同保护。

⑦ 外出旅游，可淡季出行，选择适合老人游玩观赏的景区。

节假日景区游客爆满，万一被人推倒或碰倒，不要惊慌，可迅速收腿抱头蜷缩成球状，双手紧扣置于颈后，最大限度地保护身体的重要部位和器官。

避开人群聚集的地方不仅预防跌倒，还可预防疾病传染。尤其是老年人身体抵抗力变差，冬季是流行性感冒多发季，更要尽量不去人多的地方。

第3章

疾病和药物带来的跌倒风险

很多时候,疾病和药物也是导致老年人跌倒的因素,比如脑中风、心动过缓、关节炎、老年痴呆、糖尿病、贫血、视力下降、听力下降、缺少睡眠、尿失禁等等。不同疾病的药物引起跌倒的原因也不同,比如有的药物影响人的平衡功能造成跌倒;有的药物引起突然晕厥造成跌倒;有的药物引起关节疼痛造成跌倒……了解常见疾病和常服药物带来的风险,可有效地预防老年人跌倒。

眼 部 疾 病

大多数老年人都会出现视力减退,并且容易患上白内障、青光眼、黄斑变性等眼部疾患。老年人由于视力敏感度减弱或夜间视力下降,导致视物模糊,面对突发状况时容易失去平衡而跌倒。

跌倒提醒

没有及时治疗眼疾;配戴的眼镜不合适;眼睛被强光照射;夜间在光线昏暗处活动。

药物建议

❶ 每半年对眼部进行视力测量和检查,及时治疗眼疾。

❷ 视力不佳者需佩戴眼镜。

③ 日常保护双眼，比如少看手机、电视，外出戴帽子或墨镜，避免强烈的阳光照射眼睛。

④ 按时按量服用药物，如果停药或减少药量一定要咨询医生。

⑤ 保持心情愉悦，多微笑，少难过，不想扫兴的事。

⑥ 老花眼是一种自然的生理现象，平时佩戴合适的老花镜，可以延缓老花眼的程度。

现在，很多老年人患有白内障。治疗白内障可通过手术，但是日常要保护双眼。防止阳光强烈照射，能够有效缓解病情。另外，随着年龄增长，人的听力也会下降。尤其是老年人群体，耳背、耳聋者较多。当听力严重下降会对生活造成很大的影响。因此，如果发现自己有听力问题，老年人要及时告诉家人，在家人的陪同下去医院检查治疗。一些听力患者会借助助听器，让自己有一个正常的听力。

视力模糊
路面有石子
安全意识低

骨关节病

老年人易患骨关节病，这是一种正常的退化。随着年龄增大，身体骨关节部位容易变性、损伤、断裂，并且骨关节周围的骨质还会出现脱钙、骨质疏松或者骨质部位退化、增生的情况，从而引发骨关节部位明显的疼痛，严重时还会导致骨关节部位肿胀而活动受限。

跌倒提醒

如果老年人患有下面的骨关节疾病，请注意预防跌倒。

	常见疾病或症状	跌倒原因
骨关节病	骨骼、关节、韧带及肌肉的结构和功能损害，比如骨关节炎、风湿性关节炎、急性软组织损伤等	损害并降低人体的稳定能力、平衡能力，引起跌倒
	颈椎病，比如脊髓和椎动脉变形、疼痛等	影响身体的控制而引发跌倒
	腰椎劳损	脊柱对下肢的重心调整代偿能力下降引发跌倒
	下肢髋、膝、踝关节的退行性病变，比如骨质增生。这类病的发生多与职业有关	关节稳定性降低而引发跌倒
	踝关节背屈和跖屈。足尖向上，足与小腿间的角度小于90°叫背伸；反之，足尖向下，足与小腿间的角度大于直角叫做跖屈	影响走路时身体的平衡性，从而导致跌倒

药物建议

① 体重超重患者应该控制或减轻体重，利于减轻关节负重。

② 行走的时候带拐杖或者助步器，减轻对关节的压迫，避免出现骨性关节炎的情况。

③ 适量活动，避免长时间躺着、坐着和站着，更不要负荷过重的物体上下楼。

④ 避免长时间剧烈的体育运动，比如长时间行走、爬山、爬楼、跳广场舞、打篮球等。

⑤ 骨关节炎与肥胖、脱钙、缺乏维生素 A 和维生素 D 有关，多食用高钙食品，必要时补充钙剂，增加多种维生素的摄入。

⑥ 必要时带上护膝，可以减少关节的摩擦和损伤。

⑦ 可适当学习一些关节按摩手法，有助于缓解关节病疼痛。

⑧ 夜晚起床时开灯，不可摸黑走路。

⑨ 家中备好轮椅，关节疼痛严重时不可勉强行走，最好使用轮椅。

另外，足部疾病也会引起老年人跌倒，比如鸡眼、骨刺、胼胝（老茧）、滑膜炎、趾囊炎、脚趾畸形等，可能给下肢本体造成错误的感觉信息，导致下肢肌力、肌张力的平衡失调而引发跌倒。这类患者，在平时的生活中，要保持足部清洁，穿宽松的鞋袜，不要赤足走路，不要热敷足部，不要过分剪除足部胼胝或涂抹刺激性药物。

心 脑 血 管

老年人是心脑血管疾病的高发人群，这类疾病会引起心脑血管动脉硬化、心脑血管供血不足等问题。当患者改变体位或者进食后人体内血液体供应被重新分配，导致流至头部和心脏的血量减少，一旦供血不足，就容易引起头昏、晕眩、站立不稳从而跌倒。

跌倒提醒

如果老年人患有下面的心脑血管疾病，请注意预防跌倒。

常见疾病或症状		跌倒原因
心血管病	心肌梗死	动脉易损斑块脱落、形成血栓，堵塞心脏冠脉血管，造成心肌缺血、坏死，出现胸痛、心慌、晕厥、乏力等症状，引起跌倒
	高血压	典型症状为头痛、头晕、耳鸣、视物模糊、疲倦不安、心律失常等，易引发跌倒
	冠心病，即冠状动脉粥样硬化性心脏病	症状主要表现为胸闷、胸痛、心悸、乏力、呼吸困难等，易引发跌倒
	高血脂	易合并动脉粥样硬化、动脉狭窄，症状主要为头晕、肢体麻木、胸闷、心悸等，易引发跌倒
	糖尿病	眼底并发症可出现视觉模糊；周围神经病变可出现皮肤感觉异常、脚踩棉花感等症状，易引发跌倒
脑血管疾病	脑卒中	可出现为昏迷、口角歪斜、头昏、眩晕、偏侧肢体无力等症状，引起跌倒
	短暂性脑缺血发作	俗称"中风先兆"，可出现眩晕、头昏、一过性或反复发作的偏身肢体无力、单侧视力突然模糊或昏暗，易引发跌倒
	脑动脉炎	可出现肢体瘫痪、运动功能障碍和反应迟钝等症状，高发人群是儿童和青壮年，易引发跌倒

药物建议

① 保持心平气和，尽量不生气。

② 认识到身体的疾病隐患，做不了的事情找家人帮忙。

③ 合理膳食，戒烟限酒。

④ 避免精神紧张及情绪激动，注意休息，避免过度劳累，生活作息有规律。

⑤ 适当进行体育运动，以身体微汗且不感到疲劳为佳。每天坚持运动，坚持每周不少于5天。冬季要等太阳升起来后再去锻炼，温度回升，可避免肌体突然受到寒冷刺激而发病。

⑥ 感觉身体不适时，应立即休息，及时到医院就诊。

⑦ 按时服药，定期体检。

⑧ 了解自身疾病可能导致跌倒风险，提高防跌倒意识，绝不逞强。

中医特色调摄

（1）食疗

荷叶：降血压，还能明显降低血清中甘油三醇和胆固醇含量，具有调节血脂的作用。

槐花：具有清热、凉血、止血、降压的功效并化解瘀斑。

香菇：提高机体免疫功能，防癌抗癌、降压降脂。

木耳：降血糖，降血脂，防止血栓形成，预防缺铁性贫血。

薤白：降血脂，抗动脉粥硬化，开胸通阳。

苦荞麦：抗氧化，预防治疗心脑血管疾病，降血压，降血脂，降血糖。

（2）穴位按摩

内关穴：内关穴在手腕处的横纹向肘部方向两寸处的两条筋突起之间，是手厥阴心包经上的络穴，内关穴又是八脉交会穴之一，通于阴维脉。"阴维有病苦心痛""胸中之病内关担"。

膻中穴：膻中穴在两乳中间是心包络的募穴，是心包经与气会汇聚的地方，是"宗气之海"，所以膻中又叫气海，又是八会穴中的气会穴。气是血液运行的动力，所以膻中穴自然成为了治疗冠心病的穴位，艾灸膻中穴，可以补心气、活气血。

心俞穴：心俞在背部第五胸椎棘突下，旁开 1.5 寸外，属足太阳膀胱经的经穴，是心脏的背俞穴。

（3）调畅情志

《黄帝内经》中的千古名言："恬淡虚无，真气从之，精神内守，病安从来？"清净养神，乐观恬愉，调畅情志，保持心情愉悦，怒喜思悲恐都不可过度，这是中医养生的根本。

精 神 疾 病

老年人患精神疾病往往是由多种复杂的原因造成的，比如遗传、脑器质性改变、性格能力、情感状态、社会环境等方面。许多精神病人有妄想、幻觉、错觉、自言自语、喜怒无常、行为怪异、情感障碍、意志减退等症状，严重影响正常的生活，甚至在病态心理的支配下，患者会出现攻击、伤害他人或自杀的行为。

显而易见，精神疾病会使老年人的心理和行为失控，容易发生跌倒事故。

跌倒提醒

如果老年人患有下面的精神疾病，请注意预防跌倒。

常见疾病或症状		跌倒原因
精神疾病	精神分裂症	主要症状为出现幻觉、妄想和行为言语混乱，易行为失控引发跌倒
	痴呆	主要症状为记忆衰退、情绪不稳、不能自制，容易发生跌倒
	癫痫（俗称羊角风、羊癫疯）	此病发作时患者丧失意识，全身抽搐，昏迷跌倒
	抑郁症	主要症状为心悸、胸闷、失眠、情绪低落、意识涣散、记忆力下降，从而引发跌倒

药物建议

❶ 家人要时刻关注患有精神疾病的老人，一旦发觉其心理和身体的异常，立即到正规医疗机构寻求救治。

❷ 严格按时按量遵医嘱服药，不要认为病情轻了就擅自减停药物，要与医生保持联系，由医生根据病情指导调剂药量。

❸ 注意休息，避免精神刺激，保持心态平衡，学会分散低落的情绪。

❹ 病人及家属要了解一些精神疾病知识，帮助患者提高自我预防跌倒能力。

❺ 家人朋友平时多与患有精神疾病的老年人沟通交流，消除他们的紧张、孤独、消极心理，尽量让老年人的生活丰富多彩。

❻ 适当参加体育锻炼和文娱活动，尽可能多干些力所能及的劳动。

❼ 戒除烟酒等不良嗜好。

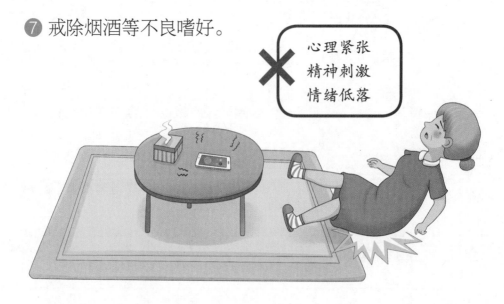

心理紧张
精神刺激
情绪低落

很多老人每天都要服用药物，尤其当同时服用几种药物时，由于药物的自身作用或者药物的互相作用，会对人的视觉、精神、步态、平衡等方面产生影响，从而增加了跌倒风险。

跌倒提醒

有八类药品服药后，会增加跌倒风险，具体如下：

常见疾病或症状		跌倒原因
降血压药物	美托洛尔、特拉唑嗪、氨氯地平等	服降压药，常因血压控制不良而发生眩晕、晕厥、偏侧肢体无力等中枢神经系统症状，从而增加跌倒风险
降糖药物	二甲双胍、格列本脲、格列吡嗪等	服降糖药，常因血糖控制不良而不同程度地影响意识、精神、视觉、平衡等，使服药者跌倒风险增加
止痛药物	阿片类药物	止痛药可降低警觉或抑制中枢神经系统，服药后易出现昏沉、神经运动功能减低、步态不稳的症状，更易发生跌倒，尤其是在起床、上厕所时
镇静催眠药	苯二氮卓类药物（如地西泮、氟硝西泮、劳拉西泮等）、氯硝安定、阿普唑仑、艾司唑仑、佐匹克隆和唑吡坦等	这类药物不良反应主要是头晕、嗜睡、共济失调（站立时平衡失调），易引发意外跌倒损伤
抗精神病药物	氯氮平、奋乃静等	长期服用抗精神病药物可引起头晕、反应迟缓、眩晕和体位性低血压等不良反应，极易引起跌倒
抗抑郁药	氟哌噻吨美利曲辛、文拉法辛、阿米替林等	这类药物影响血压和睡眠，服用后容易引起视力模糊、睡意、震颤、头昏眼花、体位性低血压、意识混乱，这些是导致跌倒的重要危险因素
抗癫痫药物	苯妥英钠、苯巴比妥、苯二氮卓类药物、丙戊酸钠、卡马西平等	这类药物服用后易发生眩晕、视力模糊、共济失调等不良反应，影响平衡功能和步态，导致跌倒
利尿药物	氢氯噻嗪、呋塞米等	这类药物可致电解质紊乱、脱水后出现嗜睡、乏力、头昏、身体不稳而跌倒

药物建议

① 一般来说，服药后 30 分钟至 1 小时是跌倒的高风险期，老人动作宜缓慢，尽量不要外出，不要从事其他劳动或活动，卧床休息。

② 家属帮助老人读懂药物标签，了解药物的副作用，一定要帮老人管理药品，可以充分利用摆药盒，摆好每日所用的药物，以免老人错服、多服和漏服药物。

③ 不随意乱用药，更不服用别人的药物和过期的药物。

④ 同时服用几种药物时要咨询医生，想改变药剂药量时也要咨询医生，得到医生的许可。

⑤ 服药期间要动态监测血压、血糖变化，防止出现血压、血糖的过高、过低而引起疾病的发生。

⑥ 在服用药物期间，家人或监护人、单位要关心老人的跌倒问题。

小贴士

老年人运动灵活性降低，多种药物联用、用法用量不当、服药不规律等，因药物副作用而跌倒受伤的情况较为常见，所以千万要小心！

第4章

运动锻炼时的跌倒风险

现在的老年人"越练越勇"。广场上、公园里,随时随地可以看见认真锻炼的老年人。运动健身本是为了让身体更好,可是很多老年人有时会陷入盲目的运动健身中,一些不科学运动易造成运动损伤,轻则擦伤、挫伤、扭伤,重则骨折、脱臼。

跳广场利于健心、健脑、提高身体平衡力。可是如果锻炼不当,不仅无法达到锻炼效果,还可能发生意外,对身体造成伤害。

跌倒提醒

运动时间太早或太晚;鞋底太硬或穿高跟鞋;音乐激烈,声音过大,跳舞动作太大;患病坚持跳舞;不扰民,不与年轻人起冲突。

运动建议

❶ 根据自己的身体情况选择适合的广场舞蹈,切忌盲目效仿。从简单动作做起,不要急于求成。

❷ 衣服以宽松的全棉服为宜,以确保四肢气血流通。鞋子以柔软且合脚的气垫鞋、运动鞋为佳,不穿皮鞋、高跟鞋或鞋底太硬的鞋。

③ 跳舞前 30 分钟可适量吃点食物，不能空腹，也不宜饱腹。

④ 运动前做热身活动，扭扭腰，拍拍腿，做 5-10 分钟即可，避免因突然运动而造成肌肉拉伤或关节损伤。

⑤ 早上太阳出来以后再活动，尤其是秋冬季节。下午以 4 点至 6 点为佳，晚上在晚饭后半小时至 1 小时后活动。

⑥ 每次跳 1 小时左右（冬季约 30 分钟为宜），每周跳 3-5 次。

⑦ 活动中如果出现呼吸不畅、腿部疲劳、眩晕、心慌、胸痛等症状，应立即停止，静坐休息，如果症状加重，需尽快就医。

⑧ 跳广场舞前做 5-10 分钟热身活动，最好再测量一下血压和脉搏，即使血压正常，也不要跳街舞、迪斯科等难度较大的舞蹈。

⑨ 跳舞动作幅度别太大，避免突然的大幅度扭颈、转腰、转髋、下腰等动作，以防跌倒，或关节、肌肉损伤。

⑩ 跳完舞后做一些舒缓活动来放松，比如体操、散步等，让全身肌肉松弛下来再回家。

⑪ 切忌酒后或服药后跳舞，以免心绞痛及脑意外。

⑫ 有心脑血管病、骨关节病或韧带损伤的老人尽量不跳广场舞。

⑬ 组织者随时做好应急抢救准备。

健 步 走

走路运动方便又简单，在走路中不但能放松心情、提高心肺功能，还能享受大自然。但是，想走、爱走，却并不等于会走。很多老年人忽视了健步走是一项讲究姿势、速度和时间的步行运动，如果没有达到健步走的效果，还很容易"走伤"身体。

跌倒提醒

穿硬底鞋或者登山鞋；穿紧身衣服；长时间"暴走"；肢体乱扭，晃动手臂；背着包或提着东西负重行走；没有做热身活动；疾走急停；戴着耳机。

运动建议

① 健步走时最好以舒服的运动鞋为主，不穿皮鞋和高跟鞋。

② 尽量选择在地面粗糙的地方进行，不要在水泥地、石板路上走。

③ 做好充分的准备活动，防止肌肉拉伤，避免由于剧烈运动而出现心肌缺血。

④ 慢走时，路程不少于 2 公里，散步频率不要超过每分钟 50 至 70 步，步态放松，每周 3 至 5 次；快步走时，路程为 3 至 5 公里，每分钟走 150 步左右，每周 3 至 4 次。

⑤ 尽量使用腹式呼吸，用鼻子吸气，用嘴巴呼气。

⑥ 体质较差的老年人，可从散步开始，前两周每周 3 至 4 次，每次 30 分钟；1 个月后，每周可进行 5 至 6 次，每次 40 至 60 分钟；适应之后，每天坚持步行 60 分钟，忌暴走。

⑦ 冬天要注意防寒，夏天出汗多，应适当喝些低盐水补充钠，以免肌肉抽筋。

⑧ 进入秋冬季节时，中老年朋友不妨带个小背包，身体发热后，将外套放在包内，锻炼进入放松阶段后，马上穿上外套，给身体保暖，慢慢降温，以免着凉。

⑨ 感冒、发热、腹泻，皆不宜健步走。

⑩ 走路时不要戴耳机或看手机等，以免分神而扭伤跌倒。

健步走在动作上要注意以下几点：

（1）全身要放松，抬头，挺胸，两肩自然摆动，身体重心落在脚掌前部。（2）手臂通常有两个姿态，一种是速度不快时，可以两臂自然下垂，随身体的运动而自然弯曲摆动；一种是快速行走时，可以两肩稍提，两臂弯曲成 90 度，随着走的节奏自然摆动，前后摆动不大而稍有上下弹动，肩稍抬高。健步走时大腿前抬较高，后蹬充分，这样可使腹部肌肉紧张。（3）脚着地时，脚尖要朝向正前方，后蹬要有力，落地要轻柔，动作要放松。

养 生 运 动

在公园里，经常能看见一些老年人像"武林高手"一样拍墙壁、撞树、抽鞭子、吊臂、挂头、拉筋、大回旋等。这类运动是通过刺激穴位和经络的养生运动，一些动作让年轻人看了都害怕！

甩鞭

长长的鞭子，声音震耳欲聋。通过甩鞭可以促进血液循环，但是甩鞭容易伤到路人，而且也需要较大的力气，在甩动鞭子的过程中如果平衡能力较差还很容易跌倒。在进行这项运动时要依个人身体情况和环境而定，不可勉强进行。

撞树

用背部撞击、磨蹭树干。人体的脊柱及脊柱两侧分布着很多神经和重要穴位，而它们与五脏六腑都有广泛的联系。经常刺激背部的穴位，可以促进全身血液循环，提高免疫力。但是，撞树如果用力过大，可能会伤及颈椎、胸椎、腰椎，所以不提倡中老年人进行撞树养生。尤其是容易皮下出血的人群，以及患有皮疹、心脏病、未明确诊断的脊柱病的老年人。另外，患有高血压、肿瘤、内脏下垂这些疾病的患者，都不适合采用这种锻炼方法。

老年人在进行这项运动时要注意循序渐进，撞击时动作不可太猛，空腹或疲劳时不宜撞树养生。

倒走

不用借助任何辅助器具，有事没事都可以倒走。倒走可以辅助治疗慢性腰痛和腰椎间盘突出症，但是有一定的难度和危险。因为眼睛看不见后面，倒走速度过快或穿的鞋子不合适，可能会走歪了、撞到别人、重心不稳出现意外摔跤。

老年人在进行这项运动时一定要穿平底防滑鞋，最好结伴进行，一个人倒走，同伴则正常向前行走，有情况及时给予提醒对方。

走石子路

在光滑的、大小不一的鹅卵石上面行走。脚底是人体的第二心脏，脚底有很多反射区正好对应全身的穴位，通过走鹅卵石，利用身体重量的压迫，让鹅卵石对足底产生按摩、刺激，促进血液循环，确实有一定的保健作用。比如，改善老寒腿、改善手脚冰凉。但是，鹅卵石路面高低不一，很容易导致中老年人出现足部和膝关节损伤，稍有不慎就会摔倒。

老年人如果患有糖尿病、关节炎、扁平足、高血压等疾病，以及足底有溃烂或身体平衡能力较差的，均不适合走石子路。

踮脚尖

双脚并拢着地，慢慢抬起脚后跟（离地面高度根据自身情况而定），然后用力着地。这样算 1 次，30 次为 1 组，每次锻炼 1-2 分钟，每天重复 3-5 组。人的腿部肌肉中分布着大大小小的血管，通过踮脚尖，可以改善整个身体的血液循环，尤其是平时运动不多的老人。

老年人在进行这项运动时要循序渐进，不可用力过猛，否则易导致足跟疼痛，从而引起跌倒。另外，高血压、骨质疏松的中老年朋友不要尝试这项运动。

抖空竹

中国传统杂技，小巧的空竹上下飞舞时，玩者用上肢做提、拉、抖、盘、抛、接的动作，下肢在走、跳、绕、落、蹬，同时腰在扭动，头在俯仰，身体在转动，眼睛随着空竹瞄、追、随。这项运动可以锻炼身体平衡能力、四肢协调能力、大脑的反应能力。

这项运动用柔劲而不是用猛劲，老年人在进行时不要刻意追求新鲜的花样，练习时间不能太长，强度不能过大，同时注意周围人的安全，小心空竹脱绳或者落地而危及他人。

对于老年人来说，选择一项运动方式要根据自身情况来决定，比如血压、血糖、膝关节等指标，不要盲目从众。尤其是大多数老人膝关节不好，所以尽量选择不负重的锻炼方式。其实慢走、打太极拳等柔和舒缓的有氧运动比较适合老年人。

摔倒是老年人的致命因素，可造成头部损伤，手腕、髋关节骨折，胸骨骨质疏松、骨折等。好的运动习惯可以预防摔倒与劳损。

1. 不要扭腰

老年人背部肌肉力量下降，站着扭腰或左右侧弯身体，容易伤腰，造成运动损伤，还可能因为身体不平衡而导致摔倒。多做温和运动，比如太极拳等。

老年人想锻炼身体的柔韧性，可多做温和运动，比如太极拳、八段锦等。

2. 不要快速转头

对老年人来说，扭头动作不仅会磨损软骨，导致生骨刺，还容易导致头痛、头晕，严重时会诱发心脑血管病急性发作、颈部骨折等问题。尤其是高血压、颈动脉狭窄、颅内动脉狭窄、颈椎病、骨质疏松等疾病的老年人要避免快速转头，减少发生意外的可能。

颈椎不舒服，老年人可使用颈椎牵引器，静止修养。

3. 不要做弯腰够脚面动作

65岁以上的老人做"弯腰够脚面"这种高难度动作，对脊柱、骨骼、肌肉乃至血压等都会造成不良影响。因为上了年纪，连接人体臀部和背部的关节力量开始削弱，容易导致肌肉损伤甚至骨折。

运动前热身，可以慢慢活动腕关节、踝关节几分钟。

4. 不宜做仰卧起坐动作

老年人手臂肌肉力量不足，且身体常有颈椎、腰椎、骨质疏松等问题，因此做仰卧起坐极易造成损伤。

5. 不要做半蹲、全蹲动作

这些动作容易伤害膝盖软骨及半月板，老年人应做微蹲动作，锻炼膝盖肌力（四头肌）。

6. 不要剧烈拉筋

剧烈拉筋容易伤腰，老年人应做温和运动，比如甩手操、活动上肢关节。

7. 不走楼梯运动

走楼梯会造成膝关节退化。老年人走路锻炼应选择走平坦的路。

另外，中老年人平时不要站着穿裤子，容易摔倒，要坐着穿裤子，减少摔倒风险。外出时勿憋尿，如果时间较长无法回家可提前穿上纸尿裤，避免慌忙上厕所导致摔倒或诱发心脑血管疾病。

良好的习惯不仅能预防摔倒，还能延年益寿，老年朋友们要牢记。

危 险 信 号

人在运动过程中，身体不可避免地会出现一些不良反应，比如发热、出汗、腿酸、肌肉疼痛等，这些基本都是正常的。但是，有一些反应却是危险的信号，提醒运动者可能出现受伤和疾病。

1. 昏厥

当精神过于紧张或久蹲突然站立，就很可能出现低血压现象，有头晕、耳鸣、眼前发黑等症状，严重者会当场昏厥。

建议方式或做法：立即停止运动，安静休息，大多数可自行缓解。

2. 头痛

在运动中出现头痛，很多人以为是没有休息好或得了感冒。实际上，这可能是心、脑血管疾病的症状。

建议方式或做法：停止运动，尽早去医院做检查。

3. 心率不增

一般来说，人在运动时心跳会加快，运动量越大，心跳越快。如果运动时心率增加不明显，则可能是心脏病早期信号。

建议方式或做法：停止运动，尽早去医院做检查，以防有心动过缓、心绞痛、心肌梗死和猝死的风险。

4. 心绞痛

有不同程度冠状动脉硬化狭窄的中老年人，在运动时由于心肌负荷增加、心肌耗氧量增多，导致心肌耗氧量需求增加，而氧气供给不足产生心绞痛。

建议方式或做法：立即停止运动，休息或舌下含服硝酸甘油片，并及时就医。

5. 腹胀痛

在运动中突然出现腹部肌肉疼痛，大多是因为大量出汗丢失水分和盐分，导致腹直肌痉挛而引起。

建议方式或做法：停止运动，平卧休息，做腹式呼吸20-30次，同时轻轻按摩腹直肌5分钟左右，即可止痛。

6. 哮喘

气温下降，冷空气刺激呼吸道所致。

建议方式或做法：注意保暖，冬季在室外活动前要做好充分准备。

7. 低血糖

大量运动使体内的葡萄糖过量消耗所造成，轻者出现饥饿、出汗、头晕、心跳加快等症状，严重者会昏迷甚至休克。

建议方式或做法：避免空腹进行长时间运动。

提高你的防跌倒能力

跌倒虽然很危险，但是老年人们不要过度害怕，只要平时多留心，并改变一些不良的生活习惯和行为习惯，提高防跌倒意识，学习防跌倒知识，就能更好地发现潜在的危险因素，从而避免跌倒的发生。下面，从心态、衣着、饮食、运动、辅助工具、家人照顾等方面，全面地帮助老年人提高防跌倒能力。

调整心态很重要

老年人跌倒不仅仅是由于身体虚弱和疾病所导致,更多时候是发生在老人们情绪低落、心情急躁不安的时候。因此保持坦然地面对,豁达的胸怀和愉悦的心理,有助于老年人轻松应对跌倒的风险。

不言老,要服老

从年轻到衰老是生命的自然规律。在这个过程中,我们应该坦然享受人生的旅程,忘记年龄,让自己保持一种年轻的心态。同时也要从心理上正视和了解自己的身体,接受身体各方面机能衰退的现实,从而做到快乐生活与提前预防。从不同文化信仰中吸收营养。

不言老

有些老年人整天"老"字不离口,把"老不中用""老不死的"挂在嘴边。还有些老年人害怕别人说他老,被人叫一声"老人家"都会很不高兴,再有些老年人走路已经步履蹒跚,有好心人想要扶他一把,为了心理上的"面子"也要拒绝对方,其实大可不必。

年龄是一件令人无奈的事情,不论英雄伟人还是平民百姓都逃不过变老。即使身体上无法改变,但我们在精神上可以藐视年龄。对于年龄,你越纠缠它就越嚣张,会让你感觉自己老得更快了。

如果总计算年龄，时间一长还会形成不良的心理暗示，给自己增加很多压力和悲观情绪。

古语：人不思老，老将不至。人变老，不是从第一道皱纹、第一根白发开始，而是从心态变老那一刻开始。因此，老年人们不妨尽量忘掉自己的年龄，始终保持一颗"不老心"，对世界保持好奇，对生活保持热爱，有个好的信仰，坦然地享受自己的晚年生活。

要服老

人到老年其实并没有特别的警示信号，但人一定要服老。服老是老年人心理健康的表现，更是正确认识自己能力的科学心态。只有服老，在行动上才能重视老年，学会量力而行与自我保护，进而走好脚下的路。

① 接受现在自己的年龄和身体状况不如年少健壮的人。

② 不勉强做超出自己能力的事情，比如搬重物、爬高等，在家可让家人们做，在外可请路人来帮助，避免意外给自己和家人带来痛苦与麻烦。

③ 外出行走可以使用拐杖，拐杖体现了老年人保护自己的健康心态，同时也让老年人看起来更从容有风度。

④ 在生话上节俭不苛求，在饮食上不挑食、不暴饮暴食，吃得卫生科学，身体才能健康。

慢下来，更从容

随着身体机能的衰退和社会角色的变化，老年人的生活逐渐变得慢下来。想要适应这种"慢生活"，老人们就需要调整自己的心态和心情，多一些细心和耐心，凡事从容应对，不要着急。

① 吃饭喝水要慢。《中国居民膳食指南》建议中老年朋友用15-20分钟的时间吃早餐，半小时左右吃中、晚餐，每口饭菜最好咀嚼25-50次。

② 有人敲门或者门铃、电话铃响起，不要立即起身，着急走过去开门、接电话，要慢起慢走。

③ 起床要慢，太快容易出现头晕、眼花等不适，还容易发生心脑血管意外。正确的起床方式是：醒来后，不要急着起身，先静躺5分钟，同时做10次深呼吸，然后缓慢坐起，伸3-5次懒腰。

④ 在家帮子女照看孩子时，如果孩子很活泼调皮，经常乱跑乱跳，老年人觉得无法照顾时，要及时和子女说，商量解决的办法，千万不能逞强。

⑤ 家人要对老年人多一些包容和体谅。老人行动慢了不要催促，老人吃饭慢了不要抱怨，老人健忘了不要责怪，给老人创造一种平和轻松的生活环境。

⑥ 过马路时适当慢一点儿，不要为了赶时间而匆匆疾走。

⑦ 人们看到老人过马路要礼让或帮助。

⑧ 人们与老年人交流时，语速要尽量慢下来，吐字要清晰，让老人把你说的话都听清楚。

⑨ 行为动作要慢，特别是转身、转头时动作一定要慢，走路保持步态平稳，尽量慢走。

⑩ 老年人可以采取静坐、闭目养神的方式来"静养身，慢养心"。

保持乐观，积极面对

在老年人的跌倒案例中，很多都和心情、情绪状态有关系。当心情好的时候，老年人的反应速度会更快，而当心情低落消极时，老年人的反应速度就会变慢，随之就增加了意外跌倒事故。

① 老年人对生活要充满信心，尽量做到心胸开阔，情绪乐观。

② 生活经验丰富是老年人的长处，发挥自己在知识、经验、技能、智力及特长上的优势，寻找新的生活乐趣。

③ 根据身体条件和兴趣爱好，把生活内容安排得充实些，如练书法、学绘画、种花草、养禽鸟、读书报、看影视剧等。从兴趣中汲取营

养，多了解些不同的文化信仰，对生活多些寄托。

④ 对家务事不要操劳过度，对外界名利之事心态要平和，面对生活中的烦恼和郁闷及时释放，远离是非，让自己保持一份好心情。

⑤ 老年人平时要多摄取优质蛋白质，多食用富含维生素、低脂肪的食物，如瘦肉、奶类、蛋类、豆制品及莲子桂圆等。

⑥ 选择适宜的运动项目，如散步、慢跑、打拳、做操等，加强体育锻炼。

⑦ 老年人既要经常联系老朋友，又要去交新朋友，经常和好友聊天谈心，汲取生活营养，使自己心情舒畅、生活愉快。

⑧ 即使不幸患上疾病，也不要老是想着自己的病情。疾病和心理的关系非常密切，心态好了，抵抗力也会强。

⑨ 不要害怕跌倒，更不要因为担心跌倒而限制自身活动，应该积极地预防跌倒。

积极乐观的心态本身就是一剂良药。因此，老年人在日常生活中要远离不良心态，多微笑，学会主动寻找生活的乐趣，让自己每天在快乐轻松中度过，相信没有什么困难是克服不了的。

第6章

衣物穿戴要合适

老年人在穿戴的选择上，更多的是要考虑舒适度和安全性。合适的衣服、鞋子和佩戴品，能极大地减少老年人跌倒事故的发生。

衣服

在衣服的选择上，老年人应以保暖、轻软、宽松、合身、舒适、简单、穿脱方便为原则。

不适合的衣服

化纤衣服、紧身衣、套头衫、弹力裤、领口过紧的衣服、短裙、裤腿过长的裤子。

如何购买衣服

❶ 宜选购棉织品衣服，衣服要舒适，领口、腰口、袖口宽松，穿脱方便，不要穿纽扣过多的的衣服。

❷ 准备一套专门用于运动时穿的运动服。

❸ 裤腿长度不要超过脚后跟，以免绊倒。

❹ 气温下降，要准备围巾、手套、护膝和厚袜子用来保暖。

❺ 根据视力和身体情况，配戴合适的老花镜、太阳镜、遮阳帽等。

不穿纽扣过多的衣服 ←

→ 领口宽松，穿脱方便

→ 衣服松软、舒服、合身

裤腿长度不超过脚后跟 ←

　　老年人穿衣不能怕麻烦，衣服要随时增减。如果穿衣太多，身体易出汗，阳气不能外达，也会影响人体阴阳平衡。

鞋

　　千里之行，始于足下。一双合适的鞋对每个人来说都非常重要。而老年人的脚由于血液循环变差，再加上骨质疏松和患病等原因变得更加"娇贵"，需要更多的呵护。

不适合的鞋

　　不防滑的鞋、鞋底过薄的鞋、细跟鞋、高跟鞋、拖鞋、人字拖、系鞋带的鞋、鞋底磨平破损的鞋。

如何购买鞋

① 准备一双舒适柔软的运动鞋，用手扭转鞋，扭不动或可以扭成"麻花"状的鞋都不行，不买系鞋带的鞋，最好穿松紧带或魔术贴的鞋。

② 鞋面松紧适中有弹性，透气性好。

③ 鞋底材质以橡胶底最为耐磨耐寒，防滑性最好，塑料底和泡沫底防滑性最差。专业防滑底最好。

④ 旅游时穿专用的登山鞋，发现鞋底磨平或破损要及时更换鞋子。

⑤ 大脚趾外翻、二指偏长、脚掌较宽、脚背较厚的老年人，应购买大半码或一码的鞋。

⑥ 穿着鞋袜更容易控制身体的平衡性，建议老年人除睡觉时，其他时候最好不要光脚或只穿袜子走路。

检查你的鞋是否安全？

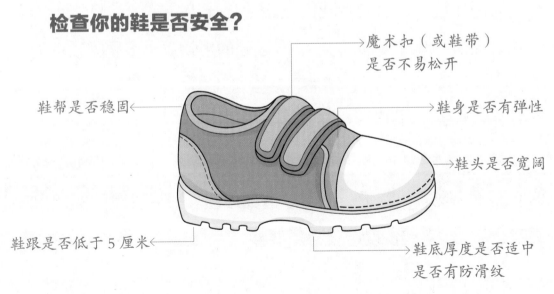

魔术扣（或鞋带）是否不易松开

鞋帮是否稳固←

鞋身是否有弹性→

鞋头是否宽阔→

鞋跟是否低于 5 厘米←

鞋底厚度是否适中是否有防滑纹→

老花镜

老花眼是一种正常的生理现象，不是眼病。不仅是老年人，很多年轻人也会出现老花眼现象。配一副合适的老花镜，不但能给老年人一个清晰的世界，更能为老年人的安全保驾护航。

如何购买老花镜

验光

老年人在购买老花镜时，首先要选择专业的眼镜店进行验光，根据验光处方度数来决定购买成品老花镜还是订制适合的老花镜。千万不能随便购买一副老花镜就戴，这样不仅会加重眼睛的老花程度，还可能导致其他的身体伤害。

不买单光镜

询问配镜师，您的老花镜是否为单光镜。单光镜只能用于看近处的事物，比如读书、写字，看远处的事物就会出现视物不清、放大、头晕等不适症状，增加了跌倒风险。

佩戴效果

戴上一副合适的老花镜，应该以能看清 30 厘米处报纸上最小的字而不出现字体变形、眩晕等情况为佳。如果长时间阅读出现眼睛疲劳，老花镜的度数就必须调整。

复查视力

随着年龄的增加，眼睛的老花程度也会加深。配镜后每隔2-3年复查一次视力，及时调整镜片度数。

及时更换

当老花镜出现划痕、镜框缺乏韧性、镜片老化影响成像的清晰度时，要及时更换合适的眼镜。

太阳镜

外出时戴上太阳镜，可以有效预防某些眼部病变的发生。尤其是在炎热的夏季，过量的紫外线直射双眼，可能会引起角膜水肿，出现流泪、疼痛等症状，从而影响视力。同时，双眼长时间在阳光下暴晒还会提早引发"老年性黄斑病变"，导致视力加速下降。

如何选购太阳镜

❶ 购买一个合适的太阳镜，一定要到正规的眼镜店，选择可以阻断紫外线的镜片。

❷ 有的太阳镜没有防紫外线功能，购买时务必问清楚。

❸ 合格的太阳镜在使用时颜色不失真，物体的边缘清楚，佩戴时能准确识别交通信号，无头晕、眼睛酸涨等不舒服感。

如何正确佩戴太阳镜

❶ 不同场合，老年人可以戴不同的太阳镜。比如野外钓鱼，应该戴偏光镜，可以消除周围的强光；郊外爬山时，可以选择灰色、茶色太阳镜，这种镜子防紫外线功能最好。

❷ 过马路或走进背阴处，及时取下太阳镜，以免眼睛没有适应光线导致眼花看不清。

❸ 太阳镜不能戴太长时间，每戴一两个小时建议摘下休息一会儿，轻轻按摩眼周，以免出现烦躁、头痛、视野模糊等症状。

❹ 紫外线在一天中的上午 10 点至下午 2 点最强，这段时间老人们应尽量减少外出。

另外，白内障、角膜炎、结膜炎、视网膜脱落等眼疾的患者，戴上太阳镜能促进眼睛的恢复。而有青光眼、视网膜炎、色盲、夜盲症的人群则不适合戴太阳镜，请老年人及家人要注意这个问题。

第7章

饮食合理固骨骼

随着年龄的增长，人体骨骼的新陈代谢功能也在减慢，钙质逐渐流失，骨质变得脆弱，摔倒或跌倒就很容易骨折。科学合理的饮食对预防骨质疏松和防止骨折有着重要意义。

补充钙质和维生素 D

预防双腿酸软无力、骨质疏松、骨折等，饮食上最重要的就是补充钙质和维生素 D。下面，来看看怎么吃才更合理科学。

钙

钙被称为人体的"生命元素"，人的一生都需要不断补钙。在骨骼方面，人体从外界补充大量的钙后，以骨钙的形式沉积在骨质中，使骨骼不断地增长、增粗、增厚。随着骨密度增加，骨硬度增大，人体骨骼就会变得更强健。

常见高钙食物如下表：

分 类	含钙食物
奶及奶制品	奶酪、全脂牛奶粉、奶片、酸奶、牛奶、鲜羊乳
大豆及豆制品	素鸡、千张（百叶）、豆腐干、黑豆、青豆、黄豆、豆腐、腐竹、豆浆
水果类	柑橘、鲜枣
蔬菜类	油菜、毛豆、小白菜、菠菜
菌藻类	海带、紫菜、黑木耳、蘑菇
其他高钙食物	虾米、虾皮、全鱼干、芝麻酱、杏仁、花生、莲子、葡萄干、红枣等

维生素 D

维生素 D 可以有效地促进钙的吸收，与代谢系统的正常运转和循环系统的健康，都有着密不可分的关系。

富含维生素 D 的食物：

① 鱼肝油。

② 深海鱼类，比如各种富含油脂的鲱鱼、三文鱼、金枪鱼、沙丁鱼、秋刀鱼、鳗鱼、鲶鱼等。

③ 动物肝脏，如鸡肝、鸭肝、猪肝、牛肝、羊肝等。

④ 各种蛋黄。

⑤ 各种全脂奶、奶酪和奶油（注意，脱脂奶中含量甚微，而强化 AD 奶中含量最高）。

⑥ 水果蔬菜类主要有樱桃、番石榴、红椒、黄椒、柿子、草莓、橘子、芥蓝、菜花、猕猴桃。

摄入量

老年人对钙和维生素 D 的摄入不是越多越好，而是有一定的科学推荐量，注意不要超过可耐受的最高摄入量。

注意

① 长期服用激素类、利尿剂等药物或者有过腿抽筋现象的老年人尤其注意补钙。

② 每天晒 20 分钟太阳，多做户外运动，可以促进体内合成活性维生素 D，促进钙的吸收。

③ 多啃动物骨头，最好骨髓和软骨一起吃。

④ 适当补充钙片和维生素 D。

⑤ 戒烟，尽量少喝酒、咖啡和浓茶。

⑥ 吃菠菜、苋菜等富含草酸钙的食物时，最好在开水里焯一下，以免与钙形成草酸钙，减少钙的吸收。

⑦ 最好去医院做一次骨密度检测，确定自己是否有骨量低下的状况，以便采取针对性措施。

⑧ 钙不易吸收，补钙需要长期坚持，才能获得补钙保健的理想效果。

低体重者的饮食指南

不论是老年人，还是青年人或者儿童，如果体重太低，身体瘦弱，在跌倒的时候由于缺少脂肪保护，就很容易发生骨折，这类人群应该注意营养不良与体重不足。

每天要保证充足的食物摄入量，并提高膳食质量。对于食量较小的人，一顿吃太多容易受不了，甚至可能引发其他疾病。那么，可以采用少量多餐的形式，即适当增加进餐次数。正常是一日三餐，可以改成一日进餐 4~5 次。食物以营养丰富、容易消化吸收的食物为主，每日保证奶类、瘦肉、禽类、鱼虾和大豆制品的摄入。另外，维生素和矿物质等营养素对改善体质也有很大益处，可适当补充。

肥胖者的饮食指南

对于体重过重的人，无论是行走还是运动都会增加关节与骨骼的负荷，且不易保持身体的平衡，进而增加了跌倒风险。培养良好的饮食习惯和运动习惯是控制体重的必要措施，只有这样才能更好地预防跌倒。

首先，控制体重，严格控制脂肪和糖的摄入，还有精米、白面、肉类。饮食上宜选用低脂肪的配料和烹饪方式，保证蔬菜水果和牛奶的摄入，多吃富含膳食纤维和低热量的食品。

其次，吃过正餐以后，还是觉得很饿想要吃东西时，可以适当吃一点低热量和饱腹感强的食物，比如麦片、豆子、全麦面包等。

最后，选择合适的运动方式，每天坚持一定的运动量。比如走步，每天累计可以达到8000步到1万步，这样对于超重或肥胖的人更易达到降低体重的效果。

健康身体测量法

目前在国际上，衡量人体胖瘦程度以及是否健康常用 BMI 指数来表示。BMI 指数，中文全称为体质指数、体重指数，英文为 Body Mass Index，简称 BMI。BMI 过高或过低都会增加患病风险。

BMI= 体重（kg）÷ 身高（m）²

中国成年人 BMI 参考标准

参考值	< 18.5	18.5~23.9	24~27.9	≥ 28
BMI 分类	偏瘦	健康体重	超重	肥胖

相比中青年，60 岁以上老年人的体重指数保持在 22-24 最合适。另外，BMI 计算法并不适合所有人。未满 18 岁、运动员、怀孕或哺乳期的女性、身体虚弱或久坐不动的老人、正在做重量训练的人群，以上群体最好通过健康管理医师做体脂肪测试，才更为准确。

第8章

防跌锻炼小招式

运动有助于改善心肺功能,减少患慢性病的风险。运动不仅能强健骨骼和肌肉,预防骨质疏松,也能改善身体灵活度,提高平衡能力,是预防跌倒的有效方式。下面,介绍几个随时随地就可练习的小招式,帮助老年人有效提高身体平衡功能和肌肉力量。

单脚站立

单脚站立也叫金鸡独立,可改善站立平衡功能,降低跌倒风险。

动作要领

单足站立,双手叉腰,一腿支撑,另一条腿向前慢慢抬起呈屈膝90°,或者向后慢慢弯曲,保持站立姿势,双眼目视前方,坚持10秒钟,换另一腿重复以上动作。

注意事项

① 单脚站立时间可逐渐延长，上限为 30 秒。

② 睁眼单脚站立熟练后，也可挑战闭眼单脚站立。但身边一定要有人进行保护，以免意外跌倒。

③ 体质较差的老年人，开始练习时要找一个支撑物，比如扶手、椅背、树干等，用一只手抓住，避免跌倒。

④ 单脚站立注重锻炼质量，当身体倾斜超过 45° 或者抬起的下肢触地、站立腿移动，应停止锻炼进行纠正。

侧向步

侧向走可以锻炼本体感觉，提高身体的灵活性、协调性和平衡能力。

动作要领

挺直站立，双手自然放于腰部。先向右侧部走 5 步，再向左侧部走 5 步，如此反复。

注意事项

❶ 可以在地上画一条直线，沿直线做侧步练习。

❷ 锻炼中如果出现头晕、身体摇晃等症状，应及时停下休息。

❸ 长时间练习后，可适当增加难度，比如在地上放一些障碍物，尝试绕过或跨过障碍物侧步走。

直线行走

直线走路是一种针对性的锻炼方式，不仅能提高身体平衡能力，还能促进新脑细胞的增长，防止脑萎缩。

动作要领

在地上画一条直线，或者靠墙向前、向后走。

注意事项

① 每次运动都要注意安全，时间在 30-60 分钟为宜。

② 身体能力大大提高后，可以加快行走的速度，还可以做进一步加深的练习，比如在行走中突然止步、转体、拐弯、跨越障碍等。

> **抬腿运动**

抬腿运动可以锻炼下肢肌肉力量，提高身体的稳定性。

动作要领

站立，手扶墙面或椅背，一条腿支撑，另一条腿向不同方向慢慢抬起，坚持 10 秒钟，缓慢放下，换另一条腿，重复以上动作。

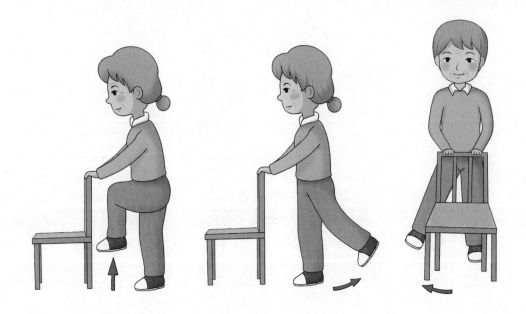

注意事项

① 腿向前抬起时，类似于踏步动作，大腿尽量与地面平行；腿向后或向侧方抬起时，膝关节不能弯曲，保持直膝，尽量抬高。

② 3 个方向为 1 组，每个方向练习 8–10 次，间隔休息 1 分钟，每组间隔休息 3 分钟。

③ 一次锻炼练习 3 组即可，每周锻炼 2–3 次。

"不倒翁"

"不倒翁"练习可以锻炼腿部肌肉和控制重心的能力。

动作要领

挺直站立，前后晃动身体，脚尖和脚跟循环着地。

注意事项

① 这项运动难度较大，练习时身边要有家人保护。

② 有骨关节病的患者不宜练习。

③ 练习时，可以站在一个支撑物旁，感觉要跌倒时马上扶住。

④ 双手可以向两边展开保持平衡。

倒走

倒走可以增强腿部和腰部力量，提高身体平衡能力。

动作要领

直立，双眼平视前方，倒着走10步，然后转身，再倒着走10步。如此反复。

注意事项

① 选一个行人少，路面平坦且无障碍的场地作为练习场所。

② 开始练习时，可以用扶手或长桌作为辅助工具，要让同伴或家人在旁看护。

③ 在倒走过程中，如果出现头晕等症状，一定立即停止，原地坐下休息片刻，视情况而定继续锻炼还是结束。

坐立练习

坐立练习可以锻炼下肢肌肉力量，提高动态平衡控制能力。

动作要领

第1步：准备。坐在椅子上，双脚放于地面，与肩膀同宽，双膝与脚尖方向一致，大腿与地面平行，小腿与地面垂直，双手放于膝上。

第2步：起立。身体前倾直到鼻子与脚尖垂直，然后臀部发力，等臀部离开椅面，双脚踩实地面，双腿发力向前上方移动，随后直立躯干，完成站立。

第3步：坐下。身体前倾，臀部后移，做出"鞠躬"动作，通过下蹲慢慢将臀部降低到椅子上，然后躯干直立，回到坐姿。

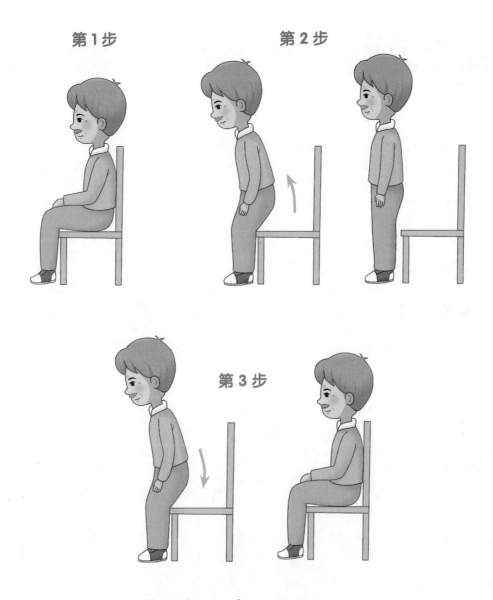

第 4 步：以上动作重复 10 次。

注意事项

❶ 对于下肢力量较弱的老年人，初始练习时可以在座位前找一个支撑物或扶手，起身时双手抓住练习，以免跌倒。

❷ 动作要慢而匀速，忌快站快坐。

身体画圆

身体画圆可以提高人体的平衡力。

动作要领

双脚与肩同宽，双手自然垂于身体两侧，挺直身体，以脚底为中心身体画圆圈摇摆，持续 1 分钟。

注意事项

① 在初始练习时，可以伸开双臂，帮助保持平衡。

② 运动中不要屏住呼吸。

③ 尽量有人保护，如果感到眩晕，要及时停下休息。

散 步

散步具有疏通全身气血和经脉的功效，使身体内外协调，这是许多剧烈运动所不能及的。

动作要领

缓步：步行速度缓慢、稳健，每分钟约 60-70 步，适合大部分人饭后 1 小时运动，特别是年老体弱的人。

快步：步行速度稍快，每分钟约 120 步左右，适合下肢矫健有力的老年人。

逍遥步：步行速度时快时慢，时走时停，也可快步一程，再缓步一段。这种散步法走走停停、快慢相间，适合病后康复和体弱多病的人。

注意事项

① 散步应该循序渐进，量力而行，不能走的疲惫不堪。

② 体质虚弱的老人在散步时最好拄拐杖，以保持身体平衡。一般每天散步 1-2 次，每次大约 30 分钟至 1 小时。

③ 体型较胖的老人散步时，可适当将散步量加大。每天散步 2 次，每次 30 分钟至 1 小时。

④ 冠心病患者散步时，最好慢速行走，以免心律失常，诱发心绞痛。餐后半小时散步为宜，每天 2-3 次，每次 30 分钟即可。

⑤ 糖尿病患者不能空腹散步，以免导致大脑供血不足，出现低血糖，严重时还可能摔倒。每次散步以半小时到一小时为宜。

⑥ 散步要量力而行，适当加快或减慢行走速度。

⑦ 如果在散步时出现胸闷、心慌、头晕等症状，应立即停下来休息。

此外，老年人还可以练习八段锦、太极拳、五禽戏等运动。讲究气息，形体舒缓，长期坚持具有很好的健身功效。老年人在做各种运动时最好有人陪护，尤其是初次练习时，谨记安全第一。

第9章

辅助工具来帮你

对于老年人来说，辅助工具就像是一个"好伙伴"，可以帮助他们更好更安全地进行日常生活，减少对他人的依赖和跌倒的风险。

拐杖

拐杖是老年人最常用的行走辅助工具。适合上肢有力量，下肢虚弱但是具有行走能力的老年人，还有康复锻炼的患者。使用拐杖，不仅能提高身体的稳定性，还可以缓解下肢承重，缓解关节和肌肉的疼痛，延长老人独立行走的时间。

拐杖的类型

U 形拐杖

U 形拐杖是最普通的拐杖的类型，把手是圆的，平时可以随身携带到处走，也可以直接挂在手腕上，可以单手使用。很适合日常需要保持身体平衡的老年人使用，特别对于半身不遂的残疾人来说很方便。

T 型拐杖

T 型拐杖的把手和支柱间有一定的角度，这样手腕能够更好地发力。由于把手比较直，握起来比较轻松。使用 T 型拐杖会感觉更轻便，老年人更容易把身体的重量压在拐杖上。该款手杖更适合郊外登山使用。

前臂支持型拐杖

在把手的延长线的上方，有前臂支持套口，胳膊穿过套口，固定前臂。因为有把手和前臂两个点来承担体重，所以前臂也可以发力。当握力不足时，这个拐杖是很有用的。在放开把手（握柄）的时候，因为有前臂支持套口，可以防止拐杖掉地，手可以去做其他的事情。

适合下半身麻痹者、下肢不能承担身体重量的骨折者、扭伤者、有髋关节症者、截肢（下肢）者、半身不遂者等。

肘支持型拐杖

在拐杖的上端，有一块横木，在横木的前方有一个竖着的把手（握柄）。把握把手的胳膊放到铺着有弹性的垫子的横木上，用魔力带固定，使用整个胳膊来支撑身体。横木的高度和把手的位置都可以调节。

该拐杖适合因风湿性关节炎，手指和上肢关节不能承受强负荷的人，或者因手腕、胳膊有残疾，肘关节不能自由地伸展的关节炎患者等。

助起型手杖

这款手杖稳定性欠佳，使用时需要特别小心。适合那些从座位起身感到吃力的老人，握住手杖下方的把手可帮助他们站起来。

多脚拐杖

多脚拐杖一般分为三脚手杖、四脚手杖、三脚带座手杖。因着地面较广，多脚拐杖稳定性较强，适用于难以站立的患者进行步行恢复训练，比如脑中风患者、风湿病患者。由于稳定性强，患者即使把身体的重量压到多脚拐杖上也不会摔倒。

常用拐杖名称及类型

U 形拐杖	T 形拐杖	前臂支持型拐杖	肘支持型拐杖
助起型手杖	三脚手杖	四脚手杖	三脚带座手杖

如何选购拐杖

手柄

用手握住时，拇指和食指能重叠形成闭合环的粗细为佳，手感舒服、牢靠。手柄材质最好有一定弹性，表面防滑。

长度

手杖长度的选择非常重要，绝不能凑合使用。如果手杖太长，就会重心不稳，容易摔倒；手杖如果太短，老人会出现弯腰弓背的情况。因此，选择手杖长短要合适。

选择时，穿鞋立正站在平地上，两手自然下垂，然后测定手腕部皮肤横纹至地面的距离。这个长度就是老年人使用手杖的理想长度。

底端

检查手杖底端的防滑头，用力捏，看是否有弹性。橡胶头比塑料头更耐磨防滑。同时底端应该有防滑设计，比如较深的凹槽，便于在潮湿地面排水。

此外，底端还分为固定款和活动款。如果老人家行动力好，喜欢经常柱着拐杖遛弯儿的话，建议选择活动款。活动款的底座是可以转动的，就像人体脚踝一样，可以进行75°的旋转，可以与地面形成一个30°夹角，如上下楼梯相对更便利些。

如果老人家用拐杖只是用来当支撑的话，建议选择固定款。

固定款的底座是不可以转动，相对更稳当些。

重量

手杖的材质有木质、铝合金和碳纤维等。不论哪种材质，重量应该适中，一般在 250-350 克为宜。太重使用起来费劲，太轻又缺少支撑感。

老年人要根据自己的实际情况，最好再结合医生的建议来选购和使用拐杖。另外，如果老年朋友们的身体健康良好，最好不要使用手杖，以免对手杖产生依赖心理，反而不利于身心健康。如果身体状况确实需要手杖，也不要拒绝使用。

助行器

对于手术后、偏瘫、协调能力较差的老年人，使用手杖已经不足以保证安全，这时必须使用助行器。助行器种类繁多，功能各不相同，老年人在购买时，一定在专业人员的指导下进行选购。

助行器的类型

* 四脚助行器 / 助起型四脚助行器

* 滚轮式助行器 / 带轮刹车助行器

* 走路辅助行走器

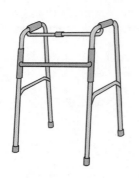
四脚助行器

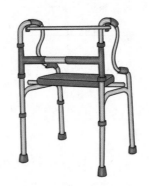
助起型四脚助行器

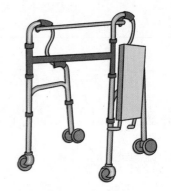
滚轮式助行器

带轮刹车助行器

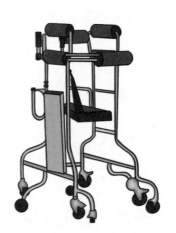
走路辅助行走器

注意事项

❶ 掌握正确的使用方法，初次使用，可让家人在旁做好保护。

❷ 鞋子松紧合适，鞋底不能太硬，以防绊倒。

❸ 选择干燥平坦的路面，避免在高低不平的楼梯或室外使用。

❹ 走路时放慢速度，目视前方，不要盯着脚下，以防时间长了头晕跌倒。

生活辅助工具

选择一些合适的生活辅助工具，可以帮助老年人在日常生活中变得更轻松从容，也能大大降低跌倒风险。

生活辅助工具主要有以下几类

床栏

对于一些偏瘫患者或者肌肉自我控制能力较差的老年人，最好在床边加床栏。入睡后拉上床栏，避免夜晚从床上跌落。如果上床感觉吃力，也可选择助起型床栏。

洗澡椅

老年人站着洗澡很容易滑倒，洗澡时必须准备淋浴椅、淋浴凳、浴缸洗浴板等。对于行动不便的老人，还需要安装步入式浴缸，提高洗手间的安全性。

马桶坐便架

对于下肢力量较差的老年人，如果马桶高低不合适，就需要选择马桶增高垫或者马桶坐便架。

遥控灯具

老年人夜晚经常会起夜，准备一个遥控或声控灯具，可以方便他们打开和关闭灯光，避免摸黑行走时被绊倒或摔倒。尤其是很多老年人十分节俭，为了节约一点儿电，即使夜晚起来行走也不开灯，有了方便的带遥控的灯具，就可能慢慢地改变这个生活习惯。

生活中，凡是能帮助老年人更好地应对日常生活的工具，都是他们需要的辅助工具，可根据实际情况添置购买，比如防滑剂、防滑垫、小夜灯等，这些都是非常必要的防跌倒生活辅助工具。

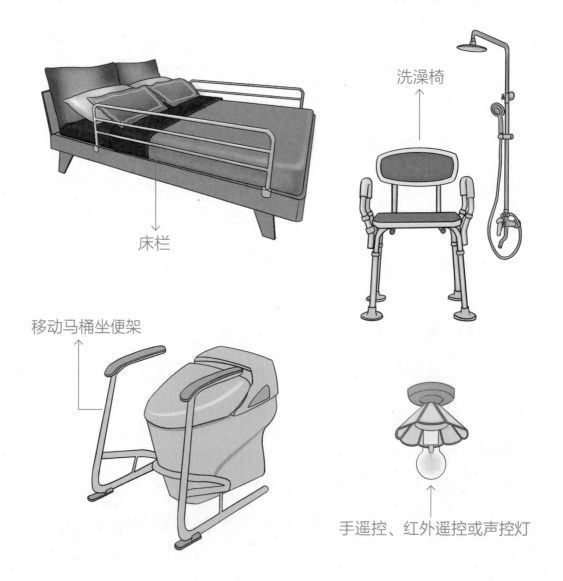

床栏

洗澡椅

移动马桶坐便架

手遥控、红外遥控或声控灯

扶手

扶手主要安装在体位变化较多或容易摔倒的地方，比如卫生间、卧室、楼梯等地方，帮助老年人完成如厕、沐浴、起床、上下楼、康复训练等动作，是提高老年人的自理能力，降低跌倒风险的重要辅助工具。

扶手对老年人有着必不可少的重要性。

扶手的颜色

由于老年人视力下降，扶手的颜色应该和居家环境的色彩形成对比，利于老年人在需要时迅速找到。比如在卫生间，洗澡时水蒸气很容易影响老年人的视线，出于安全与识别要求，扶手应该选择与墙体色彩反差较大的颜色。

扶手的类型

扶手主要是为了满足能站立行走的自理老人和轮椅介助老人的使用需求而设置的。根据功能，可大致分成康复型和防护型两种类型的扶手。

康复型扶手

① 拉伸助力扶手：一般设置于卧室中，方便老人在起床时或入睡前进行一些无损伤运动（如床上引体向上），能够起到拉伸

腰部、腹部、颈部的作用。尤其适用于颈椎间突出和偏瘫人群。

❷ 蹲起助力扶手：该类助力扶手距离地面约 70cm−80cm，辅助老年人进行蹲起锻炼，增强下肢力量和膝关节的稳定性，缓解长时间久坐对颈椎和关节的危害。

防护型扶手

防护型扶手在养老建筑中的应用最为广泛，在居家环境中主要安装于走廊、楼梯间、卧室和卫生间。

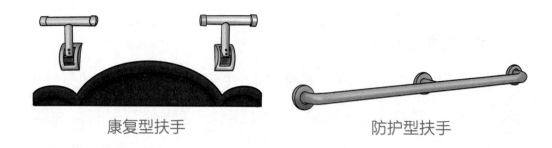

康复型扶手　　　　　　　　　防护型扶手

扶手的安装

由于老年人的身体情况不同，安装的扶手侧重功能也是不相同的。以卫生间为例，如果老人身体条件较好，仅需要借助扶手完成起立和坐下等幅度较大的动作，可仅设置 L 型扶手。如老人身体条件较差，除了起身和坐下，老人还需要扶手帮助保持如厕时的坐姿，此时需要在马桶单侧或者是双侧设置横向扶手。

如果老人即便有侧向扶手，保持坐姿也十分困难，就需要在坐便器前再添置一个活动横向板，供其趴伏。

另外，扶手还可以水平安装或倾斜安装。比如在门厅，老年人需要完成换鞋等动作，就需要安装一个水平扶手供其助力，而在楼梯，老年人要沿着一个斜度上楼，扶手就需要安装成倾斜的。

总之，扶手的选购和安装要在专业人员的指导下进行，这样才能符合老人、病人或残障人士的身体情况，使用起来更方便。

轮椅

首先，选择轮椅要注意轮椅座椅的宽度。一般来说，座椅两侧分别比臀部宽约 2.5 厘米比较合适。如果座椅太宽，老人的活动空间过大，容易因重心不稳而发生跌倒。选择轮椅还要看座椅的深度，老人坐好后，膝关节应超过座椅的前缘约 5 厘米，这样的尺寸有利于老人站立。此外，还要看一下扶手的高度，应高于肘关节 2.5 厘米左右。

其次，轮椅买回来后，老年人也要学习正确的坐姿。老人坐在轮椅上时，臀部应贴近靠背，上身挺直，双腿自然下垂。如果上身前倾、后仰、侧歪等，都会增加跌倒的风险。

最后，掌握轮椅的功能，尤其学会使用刹车，这是安全保护装置，可以避免意外的发生。不论是家人推着轮椅和老人一起出行，还是老年人自己出行，都要记住这一点：只要轮椅停下，就应将轮椅刹车锁住，将轮椅制动。以上也适合病人或残障人士。

第10章

子女关爱伴父母

老年人跌倒是可防可控的，家庭关怀对老人尤为重要，家庭环境的改善和家庭成员的良好护理可以有效避免老年人跌倒的发生。

了解父母的身体状况

子女应该主动询问了解父母的健康状况。掌握父母是否患有眼部疾病、听力障碍、关节疼痛、高血压、糖尿病等，清楚父母在服哪几种药，了解药物的副作用，帮助父母向医生咨询，几种药如何搭配服用更好。子女了解父母的基本身体状况后，再对父母进行跌倒风险评估，帮助父母更好地预防跌倒。

定期体检

60岁以上的老年人，如果不加强锻炼，管理好自己的饮食，很多疾病自己就会找上门来，因此子女最好每隔一年或半年带父母做定期体检。很多疾病等到发现有明显症状时就为时已晚，如癌症、尿毒症等，这些疾病在早期能得到控制并治愈的，定期体检可以早发现早治疗。

做完体检后，子女会对父母的身体情况有全面的认识，哪方面应该注意，比如"三高"人群不能吃油腻、高糖的食物，不能做剧烈运动等，在平日的生活中可以为父母安排更科学合理的饮食与运动，再加上医生的健康指导，不仅能有助于减少老人疾病和跌倒的发生，也能让家人放心。

体检中心

分享防跌倒知识

老年人有时会疏忽大意，另外他们对智能设备的使用不熟练，因此他们掌握的预防跌倒知识十分有限。作为子女，应该主动查阅和学习预防老年人跌倒方面的知识，并积极地与父母、家人分享，尽量使全家人一起为预防老年人跌倒做出努力。

① 改善居家环境，购买防跌倒工具。

② 帮助父母正确认识衰老，改变父母不服老的心态。

③ 帮助父母树立自我管理健康的理念。

④ 帮助父母改正不安全的生活习惯、行为。

另外，有些子女出于孝心，给父母买了新家具，或重新摆放房间内家具的位置。但是随意改变老人房子里的格局是不安全的，老年人记忆里还是原先房间熟悉的格局，在新格局里，老人在晚上起夜时，很容易绊倒。减少家居环境改变，老人跌倒风险就会降低。

保护用品

髋关节骨折是跌倒造成的较为严重的一种损伤。髋关节保护器和防跌倒安全气囊，可以在老年人跌倒时起到缓冲作用，降低髋关节的骨折风险。建议子女们为父母准备这类保护用品，尤其是老人在运动时，佩戴保护用品不仅能降低跌倒后的伤害，更能让子女安心。

防跌小标志

在父母容易跌倒的地方，贴一些防跌提醒小标志。比如在浴室可以贴"小心滑倒"、在楼梯可以贴"注意安全"、在厨房可以贴"小心油渍"等，从细节做起，日积月累，逐渐培养父母和家人的防跌倒意识，提高应对意外风险的思想准备。

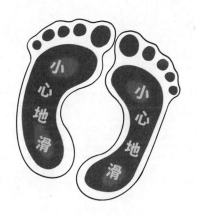

求救设备

父母有时会独自在家，晚上入睡也独自在卧室。尤其是白天家人各自上班上学后，家里只留下老人。一旦发生意外，就会面对身边无人救助的危险。如果情况特别严重，就会很难通过呼喊、拍打得到及时救援。子女平时可以在家里准备呼叫铃、口哨、报警手表等。告诉父母使用方法，让他们在受到伤害或发生意外时第一时间发出求救信号，以便得到及时救治。

急救与适老化改造

无论是老年人自己跌倒还是路人看到老年人跌倒上前帮助，学会基本地判断伤情是非常重要的，这决定接下来该如何自救或救助。如果救治合理，跌倒者的伤情就可能减轻；如果救治不合理，就可能给跌倒者带来更大的伤害。因此，跌倒后如何急救非常关键。另外，随着老龄化社会的到来，公共设施在建造时也要多考虑老年群体，保证老年人的合理安全使用，为预防老年人跌倒尽一分力。

老年人跌倒时怎么办

老年人居家时间较长,因此居家环境也是老年人最常跌倒的地方。再加上现在社会老龄化严重,有不少孤巢老人独自在家生活。他们一旦发生跌倒,应该如何应对跌倒的损伤? 跌倒严重时,又该如何自救和求救呢? 现在,我们就来了解这方面的急救知识。

跌倒时的"正确姿势"

老年人跌倒时常见的有两种姿势:一种是屁股向后坐。这是最要命的姿势,它往往会导致腰椎粉碎性骨折和骶尾骨骨折。另一种是一边屁股着地摔倒。这种姿势容易导致髋部骨折,包括股骨、颈骨骨折及股骨粗隆间骨折。一旦发生骨折,老年人往往无法自由行走,需要长期卧床,将严重影响生活质量。如果在跌倒时,能够及时作出反应,改变跌倒的姿势,就可以大大减少骨折的概率。

下面,一起来学习"正确的跌倒姿势",将跌倒的危害降到最低。

双手撑地,缓冲摔倒的影响

跌倒的时候,用手撑地,往往损伤的是腕关节,最严重的情

况是导致尺骨远端或桡骨远端骨折。在护理上不需要卧床，而且康复训练比较容易，更不会发生致命的并发症。

保护头部

在跌倒时，首要任务是用双手保护头部与脸部。因为头部的伤害可能致命或致残，所以应给予优先保护。

转体，侧身倒地

不管向前或向后跌倒，立即转动身体，使侧身落地。正面摔倒，可能会对头部造成伤害；向后仰倒，可能会导致背部脊椎的骨折。

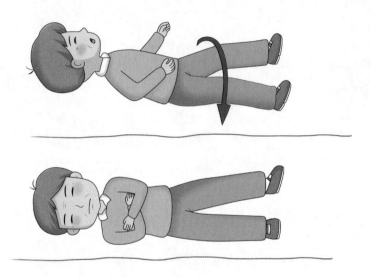

蜷缩四肢

人快要往前跌倒时，往往会伸手猛抓四周的东西，但是对于老年人来说，这种措施不仅很难达到效果，反而还会增加手与腿骨折的风险。如果将手臂和腿蜷缩回来，利用手肘和膝盖给予身体一个缓冲力，可减少一定的伤害。

以上的保护姿势，也许老年人们很难做到。但是要谨记一点，手腕、手臂的骨折远远比腰椎骨折、髋关节骨折更好治疗。发生摔倒时，应尽量调整姿势，最大程度减少对身体的伤害。

学会判断伤情

老年人跌倒后造成的损伤有时比较复杂。尤其是老年人独自一人时跌倒，身边没有人可以第一时间提供帮助，就需要自己保持冷静，学会判断损伤程度，以决定接下来是自己站起来还是尝试求救。

如果关节和骨骼没有明显的变形及疼痛

这种情形老年人可以自己试着爬起来，并能行走和活动相关关节，应该问题不大。不过为了以防万一，最好去医院检查一下。另外，注意观察摔伤处是否出现肿胀和表皮破损，如果出现肿胀要及时冷敷，待 48 小时后才可热敷和使用外用药物喷涂，表皮破损要及时到医院进行消毒处理和包扎。

如果引起关节或骨骼剧烈疼痛，并伴随变形等症状

这种情况要怀疑有骨折和脱位的可能，此时千万不能随意移动身体以免造成二次伤害，要及时拨打120或者呼喊求救，请邻居或路人帮助第一时间到医院进行 X 光检查。

如果确定骨折，要及时遵医嘱，进行科学的后续治疗。

跌倒后如何起身

跌倒姿势不同，起身的姿势也不同。科学正确的起身方法，可以让身体免遭二次伤害。

① 如果是背部先着地，应弯曲双腿，挪动臀部到放有毯子或垫子的椅子或床铺旁，然后使自己较舒适的平躺，盖好毯子，保持体温。

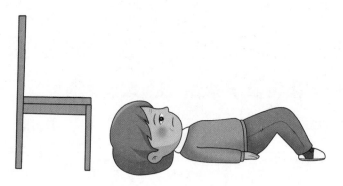

② 休息片刻，等体力准备充分后尽量使自己向椅子的方向翻转身体，使自己变成俯卧位。

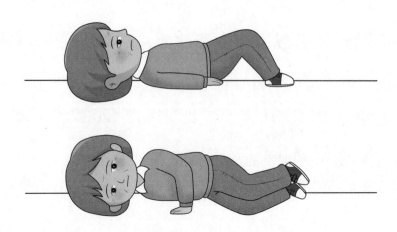

③ 双手支撑地面，抬起臀部，弯曲膝关节，然后尽量使自己面向椅子跪立，双手扶着椅面。

④ 以椅子为支撑，尝试站起来。

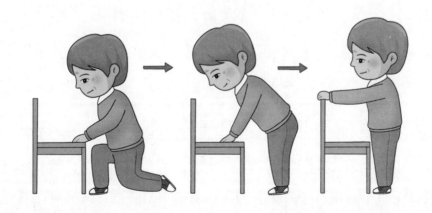

⑤ 休息片刻，恢复部分体力后打电话寻求救助或帮助。

如何求救

老年人跌倒后，如果躺在地上起不来，时间超过 1 个小时，就叫"长躺"。长躺对于老年人很危险，它会导致虚弱、疾病，还可能导致死亡。因此，跌倒后应积极想办法，向外发出求救信号。

❶ 打电话给 120 急救，或者打电话给亲戚家人，告诉他们你受伤了。

报警手表　　　　哨子　　　　呼叫铃

❷ 用家里准备好的急救设备报警，比如报警手表、口哨、呼叫铃等。

❸ 如果身边没有电话或报警设备，那就大声呼救。

❹ 还可以抓住附近的东西，用力敲打地板、家具或房门等坚硬的东西，以声响引起外面人的注意。

❺ 求救的同时，如果附近有毯子或衣服，把它们盖在身上进行保暖，同时让自己尽量感到舒心一些，静静地躺着，等待援助。

如果老年人是在居家以外的环境跌倒，一定不要忸不开面子，要积极向路人寻求帮助。有时几秒钟的犹豫，延误及时治疗，就会造成不可挽回的后果。

跌倒的现场处理

走在路上，看见有老年人跌倒，千万不要第一时间跑过去把他们扶起来，这样虽然是好心却很危险。正确的方式或作法是，先要判断老人的受伤情况，再针对不同情况进行处理。

老人意识清醒时

① 详细询问老人的跌倒经过，询问老人是否身体有不适。如果没有明显的疼痛或不适，原地稍微休息一会儿，可以将老人轻轻地扶到路旁的椅子上，并联系老人的家属。

② 如果老人出现剧烈头痛或口眼歪斜、言语不清、手脚无力等症状，可能与中风有关，此时扶起老人可能会加重脑出血或脑缺血，应立即拨打120急救电话。

③ 询问老人是否因为疾病发作所致。如果是，则帮助老人服下随身携带的紧急药品，观察老人服药后的情况再做决定是否将其送往医院。

④ 查看老人有无肢体疼痛、畸形、关节异常等情况。如果有则很可能是骨折。不能随便搬动，立刻拨打120急救电话。

⑤ 查询老人是否有腰部疼痛和背部疼痛，双腿活动或感觉异常及大小便失禁。如果有，则很可能是腰椎受损，不能随便搬动，

立刻拨打 120 急救电话。

⑥ 有外伤、出血，立即止血、包扎，护送老人去医院。

⑦ 如果老年人想要站起来，可协助老人缓慢站立。待老人休息片刻，确认无碍后方可离开。

⑧ 如果需要搬动，尽量平稳移动。

老人意识不清醒时

① 如果老年人丧失意识，不能搬动，不能摇晃或试图叫醒老人。

② 有外伤出血时，立马止血，包扎。

③ 如果身体抽搐，应把老人平移至平整柔软的地面，或者是在其身体下面垫软物，防止碰伤、擦伤。

④ 有呕吐，将老人的头偏向一侧，并尽量帮助清理口鼻腔里的呕吐物，保证呼吸畅通，以免发生窒息。

⑤ 触摸老人的大动脉，如果搏动消失，可判定为心跳骤停，应立即使老人平卧在地，马上实施心肺复苏术，同时拨打 120 求救。

⑥ 如果需要搬动，尽量平稳移动。

老年人发生跌倒，不论受伤与否，都要告诉家人，并且及时到医院做一次检查。医生除了会查看你有无跌倒损伤，还会帮助你寻找跌倒的原因，以及评估你再次跌倒的风险。同时，给出具体建议，预防跌倒的再次发生。

第12章

社会公众能为预防老年人跌倒做什么

为了保障老年人的生命健康,我们呼吁全社会共同行动,增强意识,提高能力,为老年人提供适老化生活环境和无障碍公共环境,降低老年人的跌倒风险。

宣传防跌倒知识

尽管跌倒已经成为我国 65 岁以上老年人因伤致死的首位原因,但在现实生活中,很多老年人还没有意识到跌倒的严重性,也不觉得自己会跌倒。正是这种不注重预防的心态,一旦老年人有一天突然跌倒,给自己和家人带来了极大的负担与痛苦。对此,我们的社会宣传应该加大力度,争取让每一位老年人认识跌倒,了解跌倒,不惧怕跌倒,学会正确地处理跌倒。

那么,社会公众该如何向老年人及其家人宣传预防跌倒的相关知识呢?建议如下:

社工进社区,宣传防跌倒知识

为了让居民能够更好地了解和关注老年人防跌倒的相关知识,降低老年人跌倒的发生概率,全国各地可以组织社工走进小区,开展防跌倒宣传活动,为居民们详细介绍防跌倒的重要性、预防跌倒的技巧和注意事项,还可以通过情景模拟或游戏的形式帮助居民们了解跌倒发生的原因、后果及危害。另外，社工还可以为老年人进行防跌倒安全隐患筛查。

一套宣传流程下来，可以帮助居民们树立起比较好的防跌倒意识。

毛巾防跌操

由北京市疾控中心慢病防治所和西城区体育科学研究所共同设计的毛巾防跌操适合不同的高危跌倒人群，特别是年龄比较大、不方便外出的高龄老人，社工们可以大力推广，呼吁老年人一定要勤做运动，科学锻炼身体。

预防跌倒公益宣传

现在的各类媒介非常发达，很多 App 点击量惊人。尤其是中老年朋友们对于一些直播软件十分喜爱。如果能把这些传播媒体利用起来，大量播放防跌倒公益宣传，就可以进一步加强对于跌倒的防范意识。

尊老护老，多帮助老年人

老年人在社会中很多事情他们已经力不从心，尤其是年龄越大，自理能力越差。我们要大力倡导尊老爱老，并积极给予老年人更多的关心和帮助。

实际上，只有全社会真正意识到跌倒的危害性，并积极预防和面对，才能从根本上解决跌倒事故的发生。

推广防跌倒用品

除了从心理上、精神上提高预防跌倒的意识，中老年朋友还应该从身体上真正地保护自己，防止跌倒。比如，在髋关节戴上保护装置，这样跌倒就不会骨折；随身携带一个报警器，万一走到僻静的地方也可有效报警；外出遛弯儿时可以挂一根手杖在胳膊上，路不好走时就拿下来支撑身体；如果家里的地面有些潮湿，不妨铺一块底部固定的防滑垫；夜晚起夜最好打开灯或者使用小夜灯……许多物品都是很好的预防跌倒的用品。

有些老人怕给子女添麻烦增负担，很多行动不便的事也不会说出来，这样下去，万一跌倒受伤真是得不偿失。而作为子女，由于工作忙碌、照顾孩子等原因，很多时候也会忽视老人的安全。

因此，防跌倒用品的推广非常有意义。它是老年人快乐度过晚年生活的保障，也是帮助老年人轻松应对日常生活困难的"好伙伴"，更是让一个家庭保持温馨平安的神奇锦囊！

关爱老年人，关心父母，从为他们提供需要的防跌倒工具开始吧！

公共建设的适老化改造

我国老年人口比例逐年增长，但是老年人出行难题却少有人关注。现在，老年人由于身体状况原因，出行不仅难于年轻人，甚至比一些残疾人还要不易，政府及社会各界应给予老年人更多关注。

常见问题主要有以下几种：

有的路口绿灯时间太短

在一些大型十字路口，绿灯时间只够年轻人快步穿过马路，老年人过马路则往往走到一半就变灯了，再加上许多司机鸣笛催促，不懂礼让，甚至从老年人身边疾驰而过，给老年人出行带来了极大的安全隐患。

公交车台阶有点儿高

很多老年人的下肢力量比较弱，有的老人上公交车的台阶时会不小心跌倒。有的老人上公交车时则需要双手抓紧门，身体用力往上提，每坐一次公交车就要累出一身汗。而在国外，公交车专门为轮椅使用者和腿脚不便的老年人安装缓坡，但我国还未做出这样的改进。

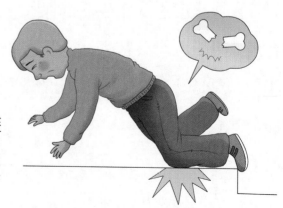

路况不好

现在很多路面拥挤或脏乱，老年人出行一不小心就容易跌倒。比如，行人步道被乱停的机动车占用，导致行走空间窄小。一些电动车横冲直撞，老年人来不及反应，很容易出现交通事故。另外道路不平、破损、井盖缺失等，导致道路安全性降低，大大增加了老年人跌倒的风险。

夜间照明差

很多居民小区存在外围灯光暗、内部无路灯的现象。老年人视力不好，如果没有携带手电筒等照明工具，很可能因看不清路摔倒。

智能化逐渐替代人工化

科学技术在经历日新月异的发展，对于全社会来说这无疑是一件好事，可是对老年人来说却未必如此。比如在银行，智能化的自助服务正逐渐代替人工服务，老年人在办理人脸识别、信息扫描或者其他事项时，由于自助设备太高或者不会使用智能设备，就会常常陷入麻烦中。建议在公共服务和规定制度方面，保留一些适老化的关爱。

国家有关部门应该针对老年人出行问题开展有效的数据研究，提出更为人性化、法制化的解决方案，同时加大对民众文明交通、尊老护老的宣传教育，保障老年人安全出行。这是全社会都应该关注的大事情。

参考资料

1. 姜昆老师告诉你：意外伤害如何防 [M]. 北京：团结出版社 ,2015.

2. 中国疾病预防控制中心慢性非传染性疾病预防控制中心 . 全国伤害监测数据集 [M]. 北京：人民卫生出版社 ,2017.

3. 国家卫生健康委疾病预防控制局 , 中国疾病预防控制中心慢性非传染性疾病预防控制中心 . 防跌倒 , 己康健 , 家心安 : 预防老年人跌倒 [M]. 北京：人民卫生出版社 ,2019.

4. 夏庆华、姜玉 . 笑做不倒翁：预防老年人跌倒安全指南 [M]. 上海：上海科学技术出版社 ,2011.

5. 宋岳涛 . 老年跌倒及预防保健 [M]. 北京：中国协和医科大学出版社 ,2012.

6. 中国营养学会 . 中国居民膳食指南 [M]. 北京：人民卫生出版社 ,2016.

7. 郑洁皎 . 老年人防跌倒居家康复指导 [M]. 北京：电子工业出版社 ,2020.